零基础
天文学入门课

高爽 编著

北京科学技术出版社

图书在版编目（CIP）数据

零基础天文学入门课 / 高爽编著 . –– 北京 : 北京
科学技术出版社 , 2025.6
ISBN 978–7–5714–3889–0

Ⅰ . ①零… Ⅱ . ①高… Ⅲ . ①天文学—少儿读物
Ⅳ . ① P1–49

中国国家版本馆 CIP 数据核字 (2024) 第 083197 号

选题策划：袁建锋　郭瑞光
策划编辑：郭瑞光　张　艳
责任编辑：马春华　武环静
特约编辑：万禹彤　王晨宇
责任校对：贾　荣
装帧设计：吴梦涵
责任印制：吕　越
出 版 人：曾庆宇
出版发行：北京科学技术出版社
社　　址：北京西直门南大街 16 号
邮政编码：100035
电　　话：0086–10–66135495（总编室）　0086–10–66113227（发行部）
网　　址：www.bkydw.cn
印　　刷：北京顶佳世纪印刷有限公司
开　　本：710mm×1000mm　1/16
字　　数：150 千字
印　　张：20
版　　次：2025 年 6 月第 1 版
印　　次：2025 年 6 月第 1 次印刷
ISBN 978–7–5714–3889–0

定　　价：79.00 元

编委会

编委会成员（以姓氏笔画为序）

毛锦旗　宁波市效实中学正高级教师

朱戈雅　北京市海淀区中关村第二小学高级教师

李春雨　北京市海淀区航天图强小学一级教师

秦鸿翼　浙江省天文学会理事

项仕伟　宁波市青少年宫天文教师

钱嘉彧　嘉兴市省身教育集团副校长

目 录

第二部分　太阳系

04 太阳

05 日食和月食

06 行星（上）

07 行星（下）

第四部分　走向宇宙

15 恒星

16 星云和星团

17 银河系和宇宙

第一部分

我们在宇宙中

01 / 导入课

天文学是一门自然科学

🔍 天文学是什么

天文学是什么？从字面意思来看，天文学是关于天的学问。天上有什么呢？蓝天、白云和飞鸟；流星、极光和太阳；星星、月亮和银河。蓝天和天文学有一些关系，但不是天文学关心的重点，白云和飞鸟就完全不属于天文学了，它们分别是气象学和生物学关心的对象，所以天文学并不知道明天的天气如何。流星、极光、太阳、星星、月亮和银河，这些现象和天体都属于天文学的范畴。所以，天文学确实是关于天上事物的学问，但关于天上事物的学问不一定都属于天文学。

天文学的英语是 astronomy，astro 是星星，nomy 是规则，二者合起来成为 astronomy，意思是"群星的法则"，也就是研究天上星星的存在规律。

为什么星星有不同的颜色？为什么月亮的形状会变化？银河到底是什么？黑洞、暗能量、暗物质又是什么？天文学里有太多的秘密等着我们一起来探索！

🔍 天文学都研究什么

天文学研究的范围非常广泛。天文学要研究地球如何形成，月亮怎么诞生，太阳系里有多少颗行星，银河系里有多少个像太阳这样的恒星，宇宙里有多少个像银河系这样的星系，以及宇宙里还有没有像地球这样适合生命居住的地方，它们在哪儿……天文学家关心的天体和现象小到陨石和流星，大到整个宇宙，应有尽有。

从距离上看，天文学关心的天体和现象从地球周围、距离地球最近的月球，到最遥远的星系、星系团和宇宙背景，覆盖了最大的范围。

从时间上看，天文学研究的时间范畴从约 138 亿年前的宇宙诞生到宇宙终结。

从能量上看，天文学往往会涉及非常大的能量级别。比如太阳表面的一次小规模的爆发，其释放的能量就远远超过地球上人类制造的所有武器的能量。

🔍 天文学家是怎样工作的

天文学家要研究这么多的天体和现象，他们如何开展工作呢？

天文学家的工作可以分为观测和研究两个方面。

中国科学院国家天文台的郭守敬望远镜（图1-1）位于国家天文台的北方观测基地，即河北省承德市兴隆县。它的口径有4米，当前是我国乃至东亚口径最大的光学望远镜。这台望远镜可以同时观测几千个目标，在短时间内获得大量恒星的光谱数据资料。天文学家利用郭守敬望远镜已经发现了不少关于恒星和银河系的新规律。

图1-1 位于中国北方观测基地的郭守敬望远镜

观测方面，天文学家使用各种仪器和设备来观测宇宙中的天体和现象，这些仪器和设备包括光学望远镜、射电望远镜、太空探测器等。他们需要选择合适的观测时间和地点，用望远镜和探测器进行数据采集和处理。

阿尔伯特·爱因斯坦是著名的利用理论研究天文学的科学家。他提出了相对论，狭义相对论描述了物体在高速运动时的规律，广义相对论完善了引力对宇宙中物体的影响的研究。

研究方面，天文学家需要对观测到的数据进行分析和解释，以了解宇宙中天体的运动和现象的演化规律。他们需要运用物理学、数学、计算机科学等多学科的知识，进行理论推导和模拟计算。此外，天文学家还需要与其他领域的科学家合作，例如物理学家、化学家、地质学家等多学科的专家，共同研究宇宙中的各种现象。

学习天文学需要了解哪些基础知识

为了更好地学习天文学，我们还需要事先了解一些必要的基础知识。

天 球

天球是一个假想的球体，以地球中心为球心，半径是任意的，可视为无限大。在天文学领域和导航应用上，天球是一个非常重要的概念。天球的半径被我们认为是无限大的，因此可以将天空中的所有物体都看作是投影在天球上的物体。地球的赤道和地理极点投射到天球上，就是天赤道和天极。

在天球上，我们可以使用赤经和赤纬来表示天体的位置。赤经是以天球赤道上的春分点为起点，向东测量的角度；赤纬是以天球赤道为基准，向北或向南测量的角度。使用赤经和赤纬可以方便地确定天体在天球上的位置。

星　等

星等是衡量天体亮度的量。它是由古希腊天文学家喜帕恰斯在公元前 2 世纪首先提出的概念。

星等数越小，天体就越亮；星等数越大，天体就越暗。在未作明确说明的情况下，星等一般指目视星等。天文学上规定，星等数相差 1 的两颗星，其亮度比值是 2.512。1 等星的亮度恰好是 6 等星的 100 倍。

在空气通透度好并且完全黑暗的地方，人眼能看到 6.5 等星。注意，天空中星等为负值的天体更亮。例如，太阳是 -26.7 等，满月是 -12.6 等，金星最亮时是 -4.9 等，它们是常见的、明亮的天体。在天文学上，衡量流星的亮度，同样采用星等的方式。

那么流星到底有多亮呢？一般来说，绝大多数的流星都是比 6 等星暗的，所以绝大多数的流星我们是看不到的。因此，在北半球，只有在少数的几个流星雨爆发时，人们才可以看到亮度较高的流星。

在某个环境里能看到的最暗的星等叫极限星等。比如在地球上

最暗的地方，人眼的极限星等是 6.5 等左右，而在大城市的市中心的极限星等可能只有 1~2 等。

宇宙的层级结构

宇宙的组成不是一盘散沙，天体会结合成不同层次的系统。

宇宙的层级结构可以从小到大分为以下层次：地球、地月系统、太阳系、银河系、星系群、超星系团复合体和宇宙。

地月系统包括地球和月球两个天体。

太阳系是由太阳和围绕它公转的八大行星、矮行星、卫星、小行星等组成的天体系统。

银河系是由数千亿颗像太阳这样的恒星和星际物质组成的星系，其中包括太阳系。

星系群是由多个星系组成的天体系统，超星系团复合体则是由多个星系团[①]组成的更大的天体系统。

基本的天体类型

天体是指宇宙空间的物质的某种特定存在形式。基本天体类型如下。

1. 恒星：由气体云坍缩而成，具有自身的引力和核聚变反应，

---

① 星系团：指由星系组成的自引力束缚体系，通常包含数百到数千个星系，其中只包含少量星系的星系团叫星系群。

能够持续地释放出能量和光线。其代表天体是太阳。不同数量的恒星可能结合成不同的系统，比如双星、多合星和星团。恒星死亡后的遗迹还包括白矮星和中子星。

2. 行星：围绕恒星运行的天体，通常由岩石和气体组成，有自己的引力和轨道。地球就是一颗行星。

3. 卫星：围绕行星、矮行星、小行星等运行的天体，通常由岩石和冰组成。月球就是地球的卫星。

4. 彗星：由冰和尘埃组成的小天体，通常呈现出明亮的尾巴，因为它们在接近太阳时会释放出气体和尘埃。

5. 小行星：太阳系中的小天体，通常由岩石和金属组成。

6. 星云：由气体和尘埃组成的云状天体，通常是恒星形成的前身。

7. 星系：由恒星、行星、气体和尘埃等组成的庞大天体系统，通常包括数千亿颗恒星。银河系就是这样的星系。

8. 黑洞：是一种极致密的天体，它的引力非常强大，甚至连光线都无法逃脱。

对望远镜的初步了解

望远镜是一种利用透镜、凹面镜和其他光学器件观测遥远物体的仪器。它利用通过透镜的光线的折射或凹面镜的反射，进入小孔并汇聚成像，再经过一个放大目镜而被观测者看到。

望远镜的第一个作用是放大远处物体的张角，使人眼能看清

细节。望远镜第二个作用是把物镜收集到的比人的瞳孔直径（最大 8 毫米）粗得多的光束，送入人眼，使人能看到原来看不到的暗弱物体。

望远镜的口径是指物镜（也就是一般望远镜前端镜片或后端反射镜）的直径。望远镜的型号一般会明确标示出望远镜的口径与焦距。

望远镜的口径是望远镜最重要的指标。口径越大，更容易看到暗弱的目标，有能力获得更为清晰的图像。但是同时也会使望远镜更笨重，携带不便，所以并不是口径越大的望远镜就是越好的。通常户外爱好者在挑选望远镜的时候既要考虑望远镜的性能，也要考虑望远镜是否方便携带。

天文望远镜可以按照不同的方式进行分类。以下是一些常见的分类方式。

1. 按照物镜结构分类：根据物镜的不同，天文望远镜可以分为折射天文望远镜（图 1-2）、反射天文望远镜（图 1-3）和折反射天文望远镜。其中，折射天文望远镜使用透镜作为物镜，反射天文望远镜使用反射镜作为物镜，而折反射天文望远镜则同时包含透镜和反射镜。其中，折射天文望远镜包括伽利略式和开普勒式，反射天文望远镜包括牛顿式和卡塞格林式，而折反射天文望远镜则包括施密特 - 卡塞格林式和马克苏托夫 - 卡塞格林式。

2. **按照观测波段分类**：根据观测波段的不同，天文望远镜可以分为射电望远镜（图1-4）、红外望远镜、光学望远镜、紫外望远镜、X射线望远镜和γ射线望远镜。其中，光学望远镜主要用于观测可见光波段，而其他类型的望远镜则主要用于观测其他波段的电磁辐射。

图1-2　折射天文望远镜

图 1-3　反射天文望远镜

图 1-4 位于我国内蒙古明安图的射电望远镜

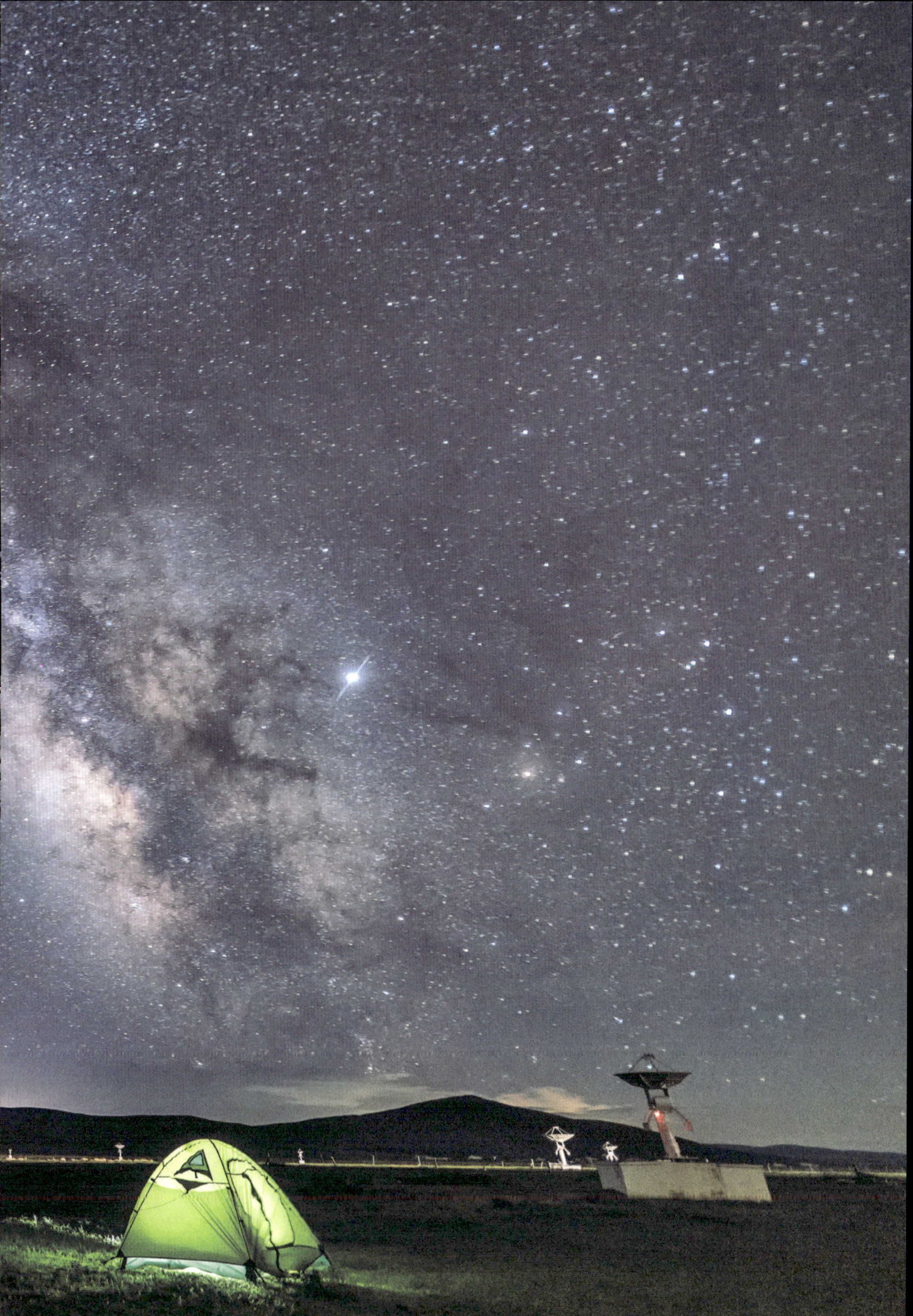

古代天文学取得了很多重要的成果

宇宙是什么样子

2600 多年前，古希腊人想象了宇宙的不同样子。

有的人相信，宇宙就是两个巨大的车轮。第一个轮子是太阳转动的轨道，第二个轮子是月亮转动的轨道。两个轮子大小不同，太阳和月亮围着我们转的快慢也不一样。我们自己就生活在"两个车轮"中间的陆地上。这块陆地看起来有点像一块小蛋糕，一动不动。我们看到的天空，就是小蛋糕形状的陆地外面的空间。这个空间有多大呢？无限大。你的想象力有多大，这个空间就可以延伸到多远的地方，没有尽头。

既然空间无限大，里面的星星就有无数颗。所有的星星都围着我们自己的"小蛋糕"陆地转动。我们这块"小蛋糕"就是无限宇宙的正中央。

还有一些古希腊人相信，天空是一顶大帽子。哲学家阿那克西美尼认为，宇宙是一顶大帽子，盖在平坦不动的地面上。为什么他会把宇宙想象成大帽子呢？因为帽子的顶上有一个凸出来的帽子尖

儿。在帽子形状的天空中，所有的星星都围着北极星旋转。那太阳和月亮呢？它们和星星一样，都是扁扁的圆盘形，挂在帽子里。

另外一些古希腊人不同意车轮和帽子的说法。比如古希腊著名的思想家、科学家毕达哥拉斯，他觉得宇宙应该是完美和谐的大圆球，大地（也就是地球）是一个小圆球。球体才是最美丽的形状。在毕达哥拉斯看来，宇宙是一个晶莹剔透的水晶球，一点脏东西都没有，比地球干净多了，也透亮多了。

在水晶球宇宙的基础上，古希腊哲学家柏拉图和他的学生亚里士多德又想出了更复杂的"水晶球宇宙"。整个宇宙不只是一个水晶球，而是一层层的多层水晶球。因为水晶球干净透明，我们看不到每一层的分界线。天上的太阳、月亮、行星和恒星，各自都是镶嵌在不同层的水晶球上的宝石。这些星星本身不会动，是水晶球带着宝石一起转。当时人们想到的最复杂的水晶球理论认为，整个宇宙里有 55 个水晶球层。我们的地球就在水晶球的正中央。

无论是车轮、帽子还是水晶球，都有一个相同之处，就是当时的人们认为宇宙只有一个，地球只有一个，我们就生活在宇宙的中心，我们看到的星星都围着我们转。

但在公元前 5 世纪，古希腊哲学家留基伯和他的学生德谟克利特提出了完全不一样的想法。他们认为宇宙中不只有一个地球，在无限大的宇宙里可能有好多好多"别的地球"，上面有别的生命存在。这些"地球"全都漂浮在茫茫宇宙中，而我们的地球算不上什么中心，只不过是茫茫宇宙中的"地球"之一。

🔍 从地球到太阳

我们到底在不在宇宙的中心呢？为了回答这个问题，天文学家们争论了几千年，提出了很多好玩的想法。

古人曾相信宇宙的中心是地球，后来发现地球不是宇宙真正的中心，再到后来人们认为宇宙的中心是太阳，现在发现太阳也不是宇宙的中心。我们没有自己想的那么重要。宇宙太大了，我们的地球只是宇宙中的一个小角落。

🔍 从星系到宇宙

在"日心说"之后，遥远的恒星逐渐被我们认识。由于人们有了更好的天文望远镜，天文学家可以仔细观察恒星的样子，计算出它们的温度、体积大小和与我们的距离。这些知识帮助天文学家逐渐了解了恒星的真相。

英国天文学家赫歇尔（Friedrich Wilhelm Herschel）用望远镜仔细观察天上的恒星，他用一个很"笨"的办法研究宇宙的形状。他把看到的每一颗星都记录下来，再根据它们的亮度算出这颗星有多远，再把所有的星星画成一张星图。在赫歇尔最终完成的这张星图里，宇宙是扁平的，太阳就在宇宙的中心，宇宙的一头还有一个大分岔，赫歇尔也不太明白宇宙为什么有这个分岔的地方。

后来的天文学家证明，赫歇尔观察到的根本不是整个宇宙，他

画出来的其实只是太阳系附近的一小部分区域，是银河系的一部分。至于那个分岔的地方，其实是靠近银河系中心的地方，那里覆盖着暗黑的尘埃和气体，挡住了背后的星光，所以看起来漆黑一片。

从此，遥远的恒星不再是随随便便的小光点，它们组成了银河系。赫歇尔的记录让后世的天文学家的视野扩大了很多。原来，还有银河系的存在，它是由像太阳这样的几千亿颗恒星组成的，银河系不仅仅包含恒星。

大约100年前，天文学家开始明白银河系不是整个宇宙。

当时的天文学家有两种观点。一种认为银河系就是宇宙，银河系外什么也没有，我们在望远镜里看到的奇怪的东西也都在银河系内。另一种认为银河系没多大，银河系外还有别的星系，银河系就像大海上的小岛，有很多个。

这两种观点在天文学界争论了好久，直到美国著名的天文学家哈勃利用仙女座星云中的造父变星，计算出了仙女座星云与地球之间的距离。这个距离实在太远了，无论天文学家是相信银河系很大还是认为银河系很小，仙女座星云的距离都超出了银河系的范围。哈勃证明，银河系之外还有更大的宇宙，仙女座星云其实就是银河系外面的另一个星系。仙女座星云从此改名叫仙女座星系，它和银河系都是宇宙中的小岛。

自此，天文学家的视野进一步扩大了。天文学研究的宇宙不再只是小小的银河系，而是由所有星系组成的宇宙。

那宇宙到底是什么样的呢？

牛顿认为，宇宙很简单，就像一块大地毯，星星或者星系就是地毯上的图案。因为宇宙是平坦的，所以每个地方的规律都一样，每个地方的时间都一样，整个宇宙无限大。

但是到了 20 世纪初，爱因斯坦发现宇宙没有这么简单。爱因斯坦认为因为有星星的存在，宇宙里有些地方的引力就会大一些，这些引力更大的地方的时间和空间都变得很特殊。所以整个宇宙不是平坦的，而是起起伏伏、凹凸不平的，时间、空间和物质的多少彼此之间都有关系。

哈勃发现，整个宇宙就像一个气球一样正在不断膨胀，气球上的斑点就是星系。远处的星系都在运动，它们朝着远离我们的方向跑，而且距离越远的星系跑得越快。

天文学家猜想，既然宇宙现在正在膨胀，星系都在"越跑越远"，那如果把时间倒退回去，以前的宇宙一定很小。所以天文学家认为，宇宙的一开始就是一个无限小的点，这个点就是宇宙诞生的开端，宇宙是从这么小的一个点开始，迅速膨胀成今天的样子。这就是大约一个世纪前天文学家提出的"大爆炸宇宙学说"。

"大爆炸宇宙学说"最重要的证据就是宇宙正在膨胀变大。宇宙变大很容易理解，只要一开始爆炸的能量足够大就可以了。但宇宙会一直变大下去吗？

从理论上说，宇宙变大的过程应该慢慢减速，直到停下来。就像我们使劲往上扔一个石头，石头向上飞，但最终一定会因为引力逐渐停止上升并下落。所以，现代天文学发现"大爆炸宇宙学说"

也有很多解释不了的现象，比如宇宙竟然没有停下膨胀的迹象，反而在加速变大。

要解释这些问题，就需要更复杂的宇宙观了。宇宙里不仅仅有我们观测到的由普通物质组成的星星，还有更多我们根本无法观测的暗物质，以及比暗物质还多的完全无法理解的暗能量。普通物质反倒只是宇宙中的一小部分。

暗物质也和普通物质一样产生引力，但是我们完全看不见它们。所以暗物质就像胶水一样，可以把很多物质吸引到一起。正是因为有了"暗物质胶水"的存在，在宇宙诞生之后才更容易形成一些小团块。等到小团块逐渐粘在一起，形成了大团块，才有机会变成我们今天看到的星系。也就是说，多亏了暗物质的帮助，才有我们熟悉的这个世界。

暗能量就更神秘了，它产生的引力效果与我们的常规认知完全相反，相当于把物质往外推。宇宙包含那么多物质，本该相互吸引，就算宇宙在膨胀，也应该慢慢停下来再重新缩小成一团。但因为有了暗能量的作用，宇宙竟然在加速向外膨胀。未来的宇宙只会越来越大，但物质只有这么多，所以宇宙里的物质会变得越来越松散，温度也会越来越低。整个宇宙最终将变得毫无生气、寂静冰冷。

独特的中国古代天文学

中国古代天文学有自己看待宇宙和星空的方式和思想，这和西方的科学传统很不一样。

宇宙观

古代中国人的想法和古希腊人很不一样。古代中国人提出过多种宇宙理论，其中有三个理论流传至今，而且有比较详细的解释。

盖天说

你一定听说过"天圆地方"吧？古人认为大地像正方形，就像棋盘，而天空是圆的，就像锅盖。锅盖盖在棋盘上，就像天和地。这样的宇宙有点像我们坐在球幕影院里看电影，天空是倒扣下来的。把整个宇宙想象成锅盖盖着棋盘的样子，这就是"盖天说"。盖天说是中国最古老的关于宇宙的理论。

浑天说

还有另一种说法认为，宇宙就像一个鸡蛋，地球是鸡蛋中央漂浮着的鸡蛋黄，周围的天空和星星都是鸡蛋清。汉朝著名的天文学家张衡就相信"大鸡蛋"理论。把整个宇宙想象成漂浮在混沌星海中的鸡蛋，这个理论就叫"浑天说"。张衡比较完整地解释了浑天说。浑天说中使用的天体测量方法和现代天文学的测量方法非常接近。浑天说对宇宙的理解比盖天说更进了一步。

宣夜说

宣夜说与盖天说和浑天说很不同。宣夜说主张太阳、月亮和群星全部自然地漂浮在虚空之中，它们的运动都和气体有关。宣夜说认为天体自身，包括遥远的恒星和银河都是由气体组成的，且星辰不需要类似盖天说里的"锅盖"和浑天说里"鸡蛋清"这样的支撑，其靠自身的气体就可以存在和运动。这样的观点与现代天文学的认识非常接近。

历法

除了宇宙理论，中国古代天文学还有一项重要成就，即历法。

历法，就是我们使用的日历系统。日历上有日期和星期，有月份和年份。古代的日历和我们今天的日历一样，也要明确记录年、月、日。除此之外，古代的历法还必须预测未来发生的重要天文现象。比如什么时间会发生日食或者月食，什么时间重要的行星和恒星会运行到什么方位，什么时间太阳的角度最低。历法还会告诉我们什么时候过年，什么时候季节更替。要记录和总结这样的知识，就必须进行精确的天文观测，再根据观测的资料进行总结和预报，最终整理出来的日历就是中国的历法。

中国古代的历法十分先进。从最古老的夏小历，到近代以来普遍使用的农历，中国历史上曾经出现过一百多种历法，其中正式使用过的历法有几十种。其中比较著名的包括西汉司马迁等人编定的《太初历》、东汉刘洪编撰的《乾象历》、南北朝时期祖冲之主持编定的《大明历》和元朝郭守敬主持编定的《授时历》。这些历法一直在持续进步，比如对一年的时间长度的计算，误差从最开始的几分钟缩短到几十秒。

🔍 星空划分

中国古人在星空划分出三个特殊的区域，分别为紫微垣、太微垣和天市垣，共三垣。紫微垣位于北天极附近的天区，相当于拱极星区；太微垣包括室女、后发、狮子等星座的一部分；天市垣包括蛇夫、武仙巨蛇、天鹰等星座的一部分。

中国古代天文学家为观测日、月、五颗行星的运行，在赤道附近划分了二十八个星区，即二十八星宿。这些星区被用来描述日、月、五颗行星运行所到的位置。每个星宿包含若干颗恒星。

四象指的是青龙、白虎、朱雀和玄武，分别代表东、西、南、北四个方向的星宿。每象又分为七个宿，总共有二十八宿。这些星宿在中国传统文化中扮演着重要的角色。

第一部分

我们在宇宙中

02 / 地球的运动

认识地球

我们生活在地球上，地球是我们的家园（图 2-1）。从宇宙里看地球，地球呈现出蓝色的外貌，整体看起来是非常完美的球体。凑近了看，还能看到地球上漂浮着的白云和蓝色海洋之间的陆地。

地球是太阳系中的第三颗行星，和太阳的平均距离约为 1.5 亿千米。地球的直径约为 1.3 万千米，是太阳系中最大的岩石行星。地球上有大量的水资源，约占地球表面的 71%，这些水资源形成了我们熟悉的五大洋，还有众多的湖泊、河流等水域。

地球的大气层由氮气、氧气、二氧化碳和其他微量气体组成，它能够保护地球不受太阳辐射的伤害，同时也能够维持生命的存在。地球上有大量的生物，包括动物、植物和微生物等，它们构成了地球上丰富多彩的生态系统。

地球上有许多地形地貌，包括高山、平原、丘陵、沙漠、海洋等。这些地形地貌的形成与地球的板块构造、火山活动、风化侵蚀等因素有关。

到目前为止，天文学家还没有在地球之外发现生命存在的迹象。

图 2-1 这是我们生活的地球

地球是我们人类赖以生存的家园，我们应该珍惜它，保护它，让它永远美丽。

🔍 地球在运动

我们站在地面上，看到太阳、月亮和群星东升西落，不会感觉到地球在运动。实际上，在古代的很长一段时间里，人们都坚信地球是静止的。

人们对地球是否运动的认识是逐渐形成的，最早可以追溯到古希腊时期。公元前 4 世纪，亚里士多德认为地球是静止不动的，而其他天体则是绕着地球运动的。这种观点被称为"地心说"，在中世纪时期得到了广泛的认可，并成了那个时期天文学的主流观点。

人们有很多理由相信地球静止不动。比如，日月星辰东升西落，是我们每天都能看见的现象。再比如，我们站在地面上，如果地球是带着我们一起运动的，那我们就会像坐在快速行驶的马车上一样，能感受到迎面吹来的风。

然而，在 16 世纪末，哥白尼用比较严谨的方式，再次提出了"日心说"，认为行星和地球都是绕着太阳运动的，而不是太阳和行星绕着地球运动。这个观点在当时遭到很多人的反对，但随着伽利略和开普勒等科学家的研究，"日心说"逐渐得到了证实。

"日心说"在哥白尼时代并没有得到严格的证实，但是随着望远镜的发明和天文学观测技术的进步，越来越多的证据表明"日心说"

是正确的。其中最重要的证据之一是伽利略通过望远镜观测到的木星的卫星。他发现这些卫星绕着木星公转，而不是绕着地球公转。这个观测结果直接反驳了"地心说"，支持了"日心说"。

此外，"日心说"还能够解释一些"地心说"无法解释的现象，比如水星和金星的亮度变化问题。根据"日心说"的观点，水星和金星绕着太阳公转，因此它们的亮度会随着它们与地球、太阳的位置关系而变化。但根据"地心说"的观点，这种现象无法解释。

地球的两项基本运动：
自转和公转

地球的运动可以看作是"两种基本运动"的组合。这两种运动分别是地球的自转运动和地球的公转运动。那什么是地球的自转和公转呢？

地球的自转

自转是指地球绕着自己的轴线旋转，地球时时刻刻都在自转，一天的时间绕自转轴旋转一圈。地球的自转方向是自西向东。从地球的北半球看，地球自转的方向是逆时针的；从地球的南半球看，地球自转的方向是顺时针的。

在地球表面，地球自转速度最快的地方在赤道。地球赤道上的自转速度超过 1 600 千米／时，这个速度比我们乘坐的民航飞机的速度还要快。

由于地球的自转速度很快，所以航天技术人员在发射火箭的时候，会利用地球的自转速度助推火箭发射。由于赤道地区的自转速度最快，所以火箭发射场越靠近赤道地区，火箭发射的助推效果就越好。

地球自转围绕着自转轴进行。地球的自转轴也叫地轴，它穿过地球的中心，是一条我们想象中的直线。

地轴与北半球相交的地方叫北极，与南半球相交的地方叫南极。在地球自转的过程中，地球的北极、南极和地轴保持不动。

由于地球自转的存在，我们才能看到太阳、月亮和星星在天空中运动。也就是说，我们看到的太阳、月亮和群星的东升西落，其实只是地球的自转产生的现象。同时，地球面对太阳的这一面就是白天，背对太阳的这一面就是黑夜。地球自转也带来了我们生活的白天与黑夜的交替变化（图 2-2）。

🔍 地球的公转

地球公转（图 2-3）是指地球绕着太阳做椭圆形的运动，一年绕一圈。

地球公转的轨道是一个椭圆形，太阳不在椭圆的中心，而是偏向一侧。地球公转轨道上离太阳最近的位置被称为近日点，离太阳最远的位置被称为远日点。地球公转的运动速度大约是 30 千米/秒，这个速度非常快，但我们通常感觉不到。

图2-2 地球的昼夜交替

一个好问题

在图2-3中，地球面对太阳的一面是白天，背对太阳的一面是黑夜。那么，如果我们站在两个面的交界的地方，会看到什么现象？

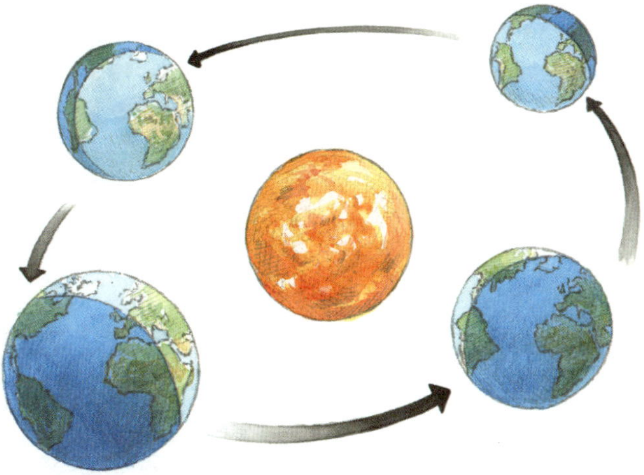

图 2-3　地球的公转运动

　　站在地球的视角来看，地球是自西向东公转的。也就是说，如果以地球北极为上，地球南极为下，我们从上方俯视地球和太阳，地球的公转方向是逆时针。反之，我们从下方仰视，地球的公转方向是顺时针。

　　地球公转的轨道平面和其他行星围绕太阳公转的轨道平面非常接近。实际上整个太阳系的大部分物质都集中在这个平面上。天文学上称这个平面为黄道面。地球在黄道面上围绕太阳公转，所以从地球的角度看，太阳始终在黄道面上运动。从我们的视角出发，太阳在天空中运动的轨迹叫黄道。

　　地球公转的轨道平面与地球的赤道平面不一致，也就是说，黄道和赤道不重合，两者之间存在一个角度，这个角度叫黄赤交角，大约为 23.5°。因此，地球围绕太阳公转的同时，也在"歪着身子"

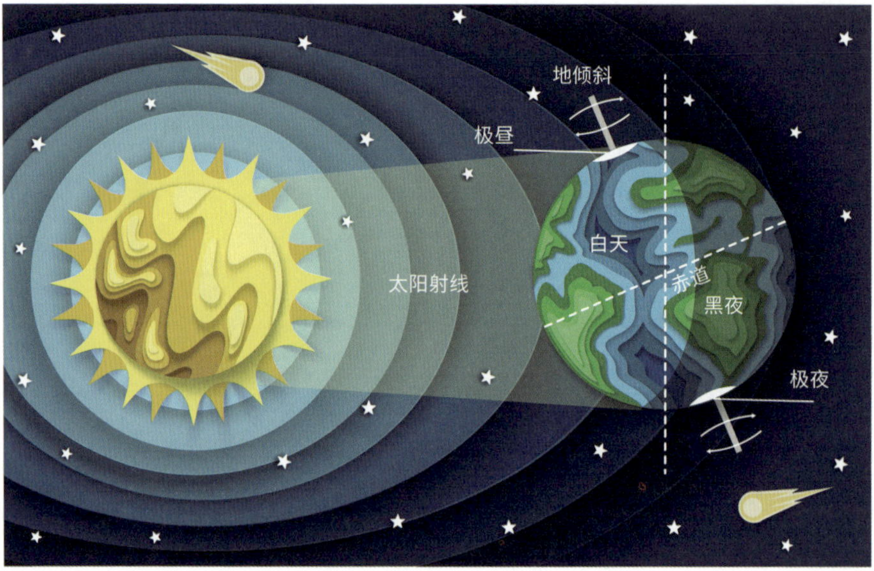

图 2-4 地球公转时在"歪着身子"自转

自转（图 2-4）。

由于地球在公转时"歪着身子"自转，所以在地球的北半球被太阳直射的时候，地球的南半球是倾斜着对着太阳的，阳光不足。相反，在地球的南半球被太阳直射的时候，地球的北半球阳光不足。这就是地球某些地区出现四季变化的原因。地球的公转和黄赤交角的存在共同导致了地球上部分地区的四季交替。

地球的其他运动

除了地球的自转和公转，地球还有以下两种更复杂的运动。

1. 进动：地球的自转轴沿着一个方向做缓慢的圆周运动，周期大约为 26 000 年，这种运动被称为进动。进动导致地轴指向发生变化，从而使不同的恒星轮流当北极星。地球自转轴的长期进动，引起春分点沿黄道西移，致使回归年短于恒星年，这种天文现象被称为岁差。

2. 章动：地球的自转轴除了进动，还会在一个周期内发生微小的摆动，这个摆动被称为章动。章动的周期大约为 18.6 年，它导致了地球的赤道面相对于固定的星空会发生细微的变化。

这些运动都是地球在宇宙中的复杂运动，它们共同影响着地球上的季节和天文现象。

我们都见过月球，一般称呼它为月亮。月亮的形状会变化，但不论它怎么变化，它一定是我们在夜空中能看到的最醒目的目标。

我们还有很多节日都和月亮有关，月亮和地球有着非常密切的关系。

我们在宇宙中

03／月球和月相

认识月球

月球是地球的卫星

月球是地球的卫星，是和我们最亲近的天体之一。地球的直径大约为月球的 3.7 倍，月球的形状是球形，也可以说近似浑圆的球形，但在地球上看，其在不同的时间会呈现不同的形态，如新月、半月、满月等。这是由于月球绕着地球公转，而且它靠反射太阳光而发光，所以我们看到的月球形态会随着时间而变化。（图 3-1）

月球表面由山丘、峡谷、环形山等组成，其中环形山是月球表面最突出的地貌之一。环形山通常由一圈圆弧形山脉和中央的平坦区域组成（图 3-2）。它是怎么形成的呢？

环形山是由撞击坑形成的圆形山脉，是在陨石或流星体撞击月球表面后形成的。当陨石撞击月球表面时，其释放出的能量会产生一个非常强烈的冲击波，这个冲击波对月球表面的碎石和岩石造成了极大的破坏，同时也在撞击坑的周围形成了环状崩塌物。

有些环形山的直径甚至可以达到数十千米以上，有些环形山的山顶在日光的照射下显得非常明亮。这样的环形山极为美丽，是月

图 3-1　地球的直径大约是月球的 3.7 倍

球表面最值得探索的地方之一。

　　在人类历史上，我们已经探测了许多环形山，并且对它们进行了详细的研究。通过对这些环形山的研究，我们可以了解月球表面的组成和演化过程，为人类未来在月球上建立基地提供重要的科学依据。

　　月海是月球表面上的一些平坦区域，它们看起来像是海洋，但实际上并不是。

　　月海是由一些古老的火山喷发形成的，这些火山在喷发时喷出的熔岩流到了月球表面，形成了一片平坦的区域。月海通常比月球

图 3-2　月亮表面的圆形凸起是环形山和撞击坑，大块暗色区域是平原

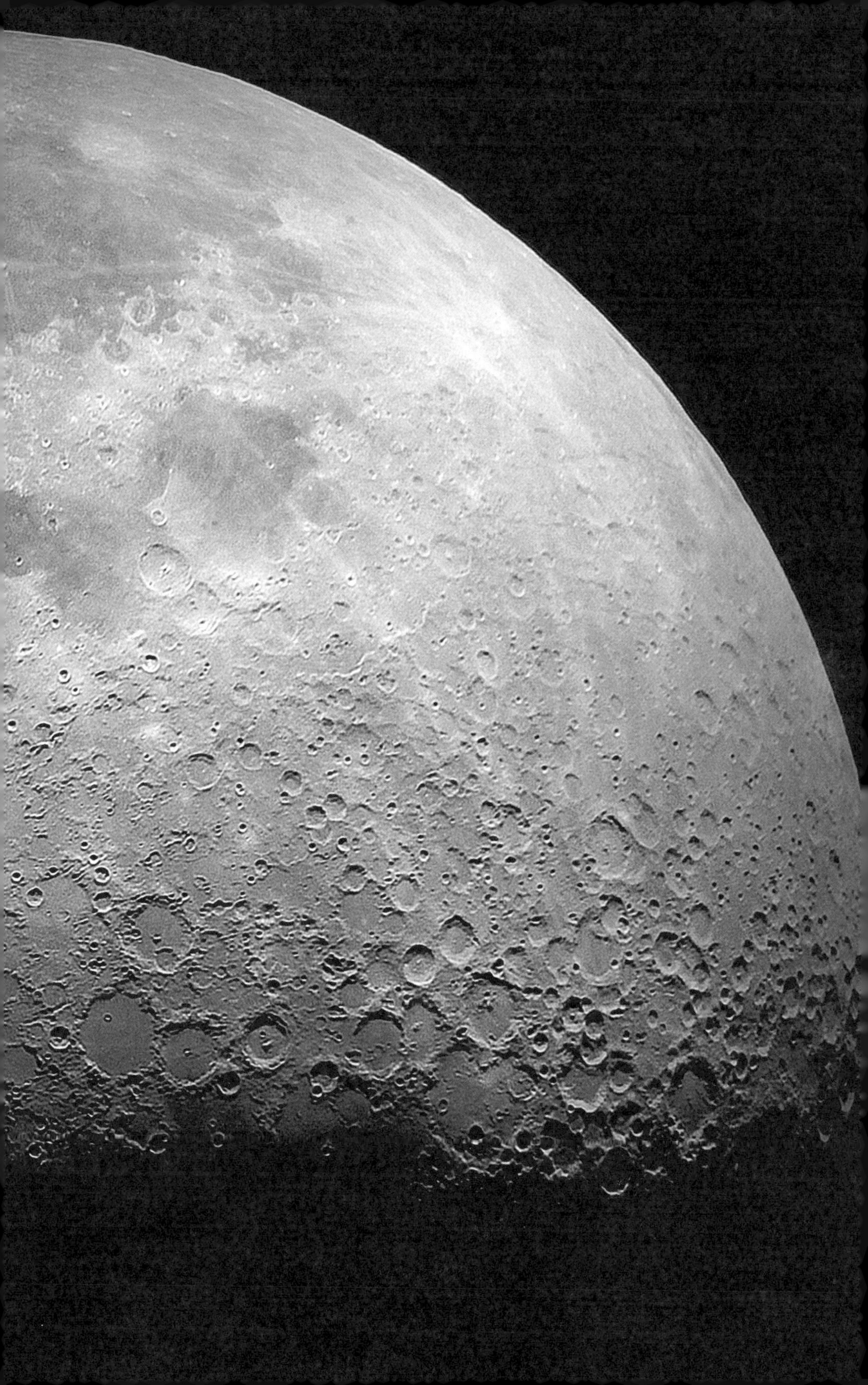

表面上的其他地方更暗，因为它们的表面反射太阳光的能力较弱。

月海的名称通常与月球表面其他地貌特征的命名不同，它们的名称通常与海洋或湖泊有关。例如，最大的月海叫"风暴洋"。

月海对我们探索和研究月球非常重要。在历史上，我们已经成功地将人类送到了月球表面，并在月海上进行了多次探究。通过对月海的研究，我们可以了解月球表面的组成和演化过程。

月球的形成是一个长期的过程。据科学家研究，月球的形成可能是在45亿年前，当地球还很年轻的时候，一颗巨大的天体撞击了地球。这次撞击释放出了大量的物质，其中一部分物质经过数百万年的时间再次聚集，最终形成了我们现在所看到的月球。

月球表面没有空气，所以其表面的昼夜温差很大，月球表面的最高温度可达127℃，最低温度可至零下173℃。

月球对地球有重要的影响。它的引力会对地球产生潮汐作用，影响地球上海洋的涨落。潮汐是由于月球和太阳对地球产生引力而引起的，这种引力会使地球上的海洋和大气产生周期性的变化。潮汐对于海洋生物和海岸线的形成都有着重要的影响。此外，月球还对地球的自转速度产生影响，潮汐摩擦会使地球的自转速度逐渐减慢。

同时，月球也是夜空中最亮的天体之一，其散发出的光芒其实是反射的太阳光。所以，它的亮度会随着太阳的位置而变化。满月时，其亮度最高，几乎可以照亮整个夜空。

月亮的圆缺变化不仅给人们带来了美丽的夜景，更是一个充满

想象力的意象。在中国传统文化中，围绕着月亮的神话传说非常多，这也表明了月亮对我们有着特殊的意义。

古人认为月亮是生命不死、死能再生的神明，它象征着死而复生的力量。更有很多故事充满浪漫的神话色彩，例如嫦娥奔月、常羲浴月、月中桂树等，这些故事都含有长生之意，反映了古代人们对月亮的崇拜和敬畏之情。

月亮还对许多中外文学作品和艺术作品有深刻的启发作用，如唐代诗人李白的《静夜思》"举头望明月，低头思故乡"，宋代文豪苏轼的《水调歌头·明月几时有》"人有悲欢离合，月有阴晴圆缺"，阿根廷作家博尔赫斯的《月亮》"众多的夜晚，那月亮不是先人亚当望见的月亮"，清代画家钱杜的《浔江月夜》图，荷兰画家凡·高的《星空》等。

总之，月球是一个神秘而美丽的天体，它不仅对地球有着重要的影响，也是我们文化中不可或缺的一部分。

🔍 地球和月球的大小

月球是地球唯一的天然卫星，直径约为 3 474 千米。地球的直径大约是月球的 3.7 倍，质量约为月球的 81 倍。由于月球到地球的距离最远是 40.6 万千米，最近是 36.3 万千米，遵循近大远小的视觉原理，所以我们在地球上看月亮的时候，会觉得有时候它的大小不一样。

🔍 潮汐

潮汐与月球和太阳密切相关。潮汐是由地球、月球和太阳三者之间的相互作用引起的。月球对地球的引力是潮汐产生的主要原因，而太阳的引力也对潮汐产生影响，但相对于月球的影响较小。

当太阳、月球和地球在一条直线上，即新月和满月时，潮汐力会叠加，这时候的潮汐被称为大潮。当地球和月球的连线垂直于地球和太阳的连线，即下弦月和上弦月时，这时候的潮汐力最小，我们称之为小潮（图3-3）。

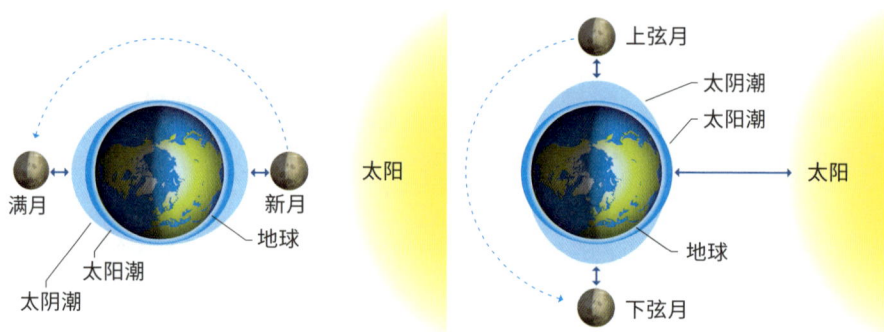

图3-3 地球潮汐示意图

需要注意的是，地球上的潮汐不仅受到月球和太阳的影响，还受到地球自转、地球形状、海洋地形、风和天气等因素的影响。因此，潮汐的变化是非常复杂的。

月球绕着地球运动

月球围绕地球公转的同时也在自转。

月球绕地球公转是指月球沿着一个椭圆形轨道绕地球运动。这个轨道被称为月球轨道。月球绕地球公转的周期为 27.3 天。

月球自转是指月球围绕自己的轴线旋转。月球自转的周期与它的公转周期相同，也是 27.3 天。由于月球自转的速度与它的公转速度相同，因此，我们总是看到月球的同一面。月球始终对着地球的一面叫正面，始终背对地球的一面叫背面。

月球的公转周期和自转周期相同，这个现象叫潮汐锁定，这不是一个巧合，而是长时间演化的结果。

别看月球表面上都是岩石，在它刚诞生的时候可都还是岩浆。月球表面的岩石会在地球的引力下发生细微的摩擦和变形，把月球自转的能量转化成热量。在这个过程中，月球就会越转越慢，直到现在的速度。反过来看，月球对地球的引力产生了潮汐，地球上的潮涨潮落也会对地球产生摩擦，让地球越转越慢，也就是我们"一天"的时间会越来越长。在 19 亿年前，地球上的一天只有 10 个小时。

地球自转速度越来越慢，如果有一天，地球自转和月球公转的速度同步了，那时候的地球上就只有一个面能看到月球了，这也是一种潮汐锁定。

太阳系中还有很多其他天体存在潮汐锁定的现象，比如冥王星和其卫星冥卫一之间就存在潮汐锁定。冥王星只有一个面一直对着冥卫一，冥卫一也只有一个面一直对着冥王星。

月球在自转和围绕地球公转的同时，由于轨道因素，自身会产生轻微的晃动。所以我们在地球上看到的月球表面的面积是超过其自身一半的，大约达到月球总面积的 59%。

月相

认识月相

我们可以观察到，月亮是一直在变化的，每29~30天完成一轮变化。月亮的这种变化叫月相。月相变化的顺序是从新月开始，新月时我们看不到月亮，这是第1阶段，在农历的初一（表3-1）。

表3-1　月相阶段表

阶段序号	形状	月相	农历日期
1	看不到月亮 ●	新月	初一
2	月牙 ●	蛾眉月	初二～初六
3	西侧半个月亮 ●	上弦月	初七、八
4	超过半个月亮 ●	盈凸月	初九～十四
5	整个月亮 ●	满月	十五、十六
6	超过半个月亮 ●	亏凸月	十七～二十二
7	东侧半个月亮 ●	下弦月	二十三、二十四
8	月牙 ●	残月	二十五～二十九／三十
重复1	看不到月亮 ●	新月	初一

从地球的北半球看（中国处于地球的北半球），月亮是从西侧逐渐出现小月牙形状的，月牙每天逐渐"扩大"。"小月牙"阶段的月相叫蛾眉月，蛾眉月通常在日落后不久出现在西边天空的地平线上。这是第 2 阶段，一般在农历的初二到初六。

大约一个星期后，月牙逐渐"充满"月亮西侧，成为半圆形。这时我们看到月亮表面的明暗分界线位于月亮中央，呈一条直线，这时的月相叫上弦月。日落时，上弦月出现在南方天空中，午夜时落下，所以我们只有在前半夜可以在西方天空见到上弦月。这是第 3 阶段，大约处于农历的初七、初八。

上弦月之后，月亮发光的部分会继续"扩大"，面积超过半圆，此时叫盈凸月。日落时，盈凸月在东南方天空出现，午夜过后落下。这是月相的第 4 阶段，大约处于农历的初九到十四。

盈凸月之后，整个月面变得明亮，月亮看起来像一个圆，这就是满月。满月时，月亮在日落时从东方升起，日出时从西方落下，我们整晚都可以见到月亮。这是月相的第 5 阶段，大约在农历十五、十六。

月满则亏，水满则溢。满月之后，月亮发光的部分开始变小。月亮的东侧保持发亮不变，其西侧的光亮逐渐收缩，这时的月相依然比半圆形凸出，但方向和盈凸月相反，而且处在逐渐缩小的过程中，所以叫亏凸月。在亏凸月阶段，月亮在日落到午夜之间升起，天亮之后落下。这是月相的第 6 阶段，大约在农历十七到二十二。

亏凸月进一步收缩，直到西侧完全黑暗，月亮呈现为东侧的半

圆形，明暗分界线位于月亮中央呈一条直线，这就是下弦月。其明暗方向与上弦月相反。午夜时下弦月升起，正午时下弦月落下，所以我们只有在后半夜才可以在东方的天空见到月亮。这是月相的第7阶段，大约在农历二十三、二十四。

下弦月之后，月亮发光的部分继续缩小，变成只有其东侧发亮的月牙形，这时月亮的形状与蛾眉月相同，但方向相反，这时的月相叫残月，也叫下蛾眉月。残月是月相的第8阶段，也是一轮循环的最后一个阶段。残月的时候，日出之前月亮升起，日落之前月亮落下。我们只能在黎明前的东方见到残月。

残月之后，月亮又开始新一轮的循环（图3-4）。

🔍 月相成因

月球本身的形状不会发生变化，我们看到的月相变化只是我们视觉中来自月球的光的变化。因为月球本身不发光，我们看到的光都是月亮反射的太阳光。因此，月相的变化反映了照在月球上的太阳光的变化。

我们如果仔细观察每天的月相就会发现一些特定的规律。我们依然只考虑在北半球观察的情况。我们观察到的不同的月相，意味着日月的相对位置不同，月亮升起和落下的时间也就不同。

图 3-4　月相变化图

完整的月相变化，从序号①的新月开始，逆时针依次看到的月相变化的8个阶段。

表 3-2　日月关系表

阶段序号	月相	月亮升起	月亮落下	太阳和月亮的关系
1	新月	日出	日落	同一方向
2	蛾眉月	上午	上半夜	太阳位于月球西方，夹角是锐角
3	上弦月	正午	午夜	太阳位于月球西方90°
4	盈凸月	下午	下半夜	太阳位于月球西方，夹角是钝角
5	满月	日落	日出	方向相对
6	亏凸月	上半夜	上午	太阳位于月球东方，夹角是钝角
7	下弦月	午夜	正午	太阳位于月球东方90°
8	残月	下半夜	下午	太阳位于月球东方，夹角是锐角

　　经过观察，我们总结出表 3-2，能看到太阳和月球的位置在一轮月相周期中变化的规律。我们可以得出结论，月相产生变化（图 3-5）的原因是月球和太阳之间夹角发生变化。

　　当太阳、月球、地球几乎连成一条线的时候，月球位于地球和太阳中间。站在地球上看月亮，看不到太阳光照亮月球，只能看到月球的剪影。

一个好问题

　　根据这些规律，你能说清楚亏凸月和下弦月是怎么发生的吗？

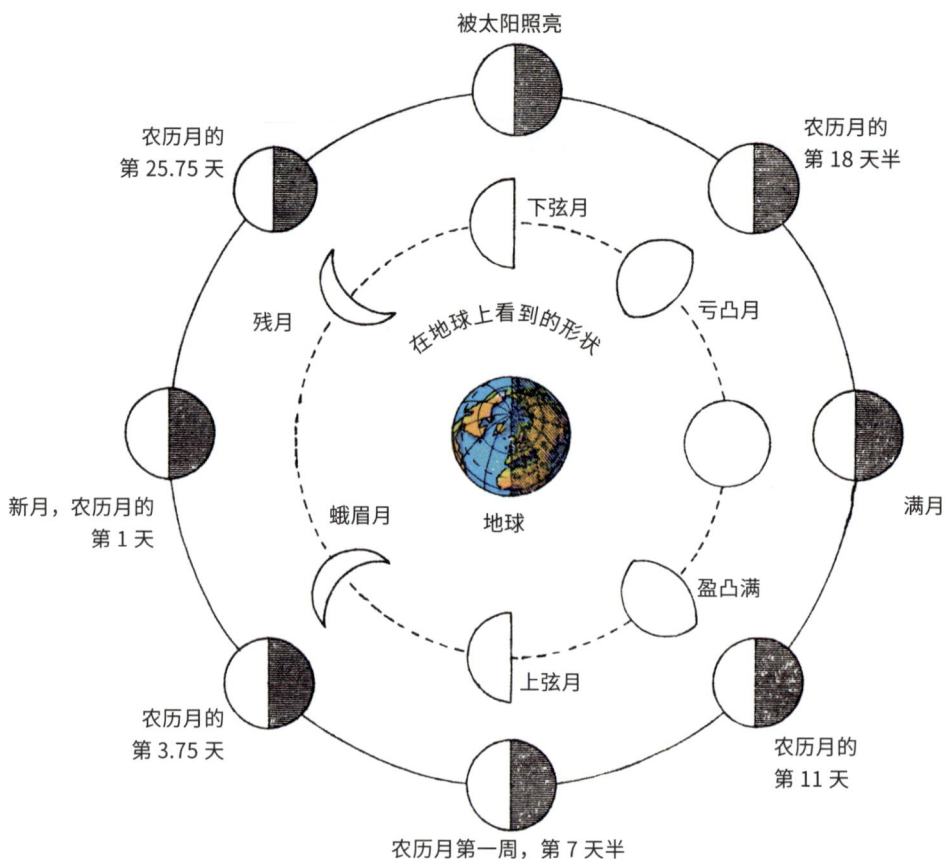

被太阳照亮

农历月的
第 25.75 天

农历月的
第 18 天半

下弦月

亏凸月

在地球上看到的形状

残月

蛾眉月

地球

新月，农历月的
第 1 天

满月

盈凸满

上弦月

农历月的
第 3.75 天

农历月的
第 11 天

农历月第一周，第 7 天半

图 3-5　月相变化图

上图中，阳光从左侧照射在月球表面，所以无论月球在什么位置，它的左半球都会被照亮，右半球是黑暗的。我们在地球上看月球，会看到月球不同的反光区域。

随着时间的推移，月球和太阳之间的夹角逐渐变大，太阳、月球和地球不再位于一条直线上。这时，在地球上可以看到阳光照亮了很少一部分月球，月球呈现出蛾眉月的月相。

当月球和太阳之间的角度继续增加到90°的直角时，在地球上看，月球朝着太阳的一侧被照亮，所以我们只能看到半个月球，这时的月相就是上弦月。

当月球与太阳之间的角度继续增大，它们之间的夹角变成钝角时，在地球上可以看到月球表面有更多的区域被太阳光照亮，这就是盈凸月。当地球位于月球与太阳之间，太阳、地球和月球几乎成为一条直线，在地球上看月球，看到整个月面都被阳光照亮，这时的月相是满月。

满月之后，月球和太阳的夹角开始减小，重复前面的过程，但是方向相反。

第二部分

太阳系

04／太阳

初识太阳

太阳是太阳系的中心天体，占太阳系总体质量的 99.86%。它是一颗恒星，几乎是一个理想球体。

太阳向太空释放光和热。太阳在围绕银河系中心公转，周期约为 2.5 亿年，也在围绕自己的轴线自西向东自转。太阳的寿命大致为 100 亿岁，目前太阳大约 45.7 亿岁。

太阳对地球和人类有着极其重要的影响。太阳的能量支撑着地球上的生命，它的光和热为地球上的生物提供了必要的能量，同时也影响着地球的气候和环境。太阳还会产生强烈的太阳风和日冕物质抛射等空间太阳活动，对人类的通讯、导航、电力系统等产生影响。

太阳是我们生活中不可或缺的一部分，对它的研究有助于我们了解宇宙和地球的起源和演化。

太阳的大小和组成元素

太阳是太阳系中最大的天体，它的直径约为 139 万千米，是地球直径的 109 倍（图 4-1）。太阳的体积是地球的 130 万倍。太阳的质量比地球大得多，是地球的 33 万倍，但太阳的密度比地球小。

通过光谱分析，我们得到太阳的化学成分，主要包括氢、氦和其他一些元素。根据现有的研究结果，大约 75% 的太阳质量是氢，剩下的几乎都是氦。此外，太阳大气中还含有少量的氧、碳、氖、铁和其他重元素，这些元素的质量不到太阳总质量的 2%。也就是说，组成太阳的物质的紧密程度不如地球高，但它整体上还是比地球大，且质量比地球大得多。

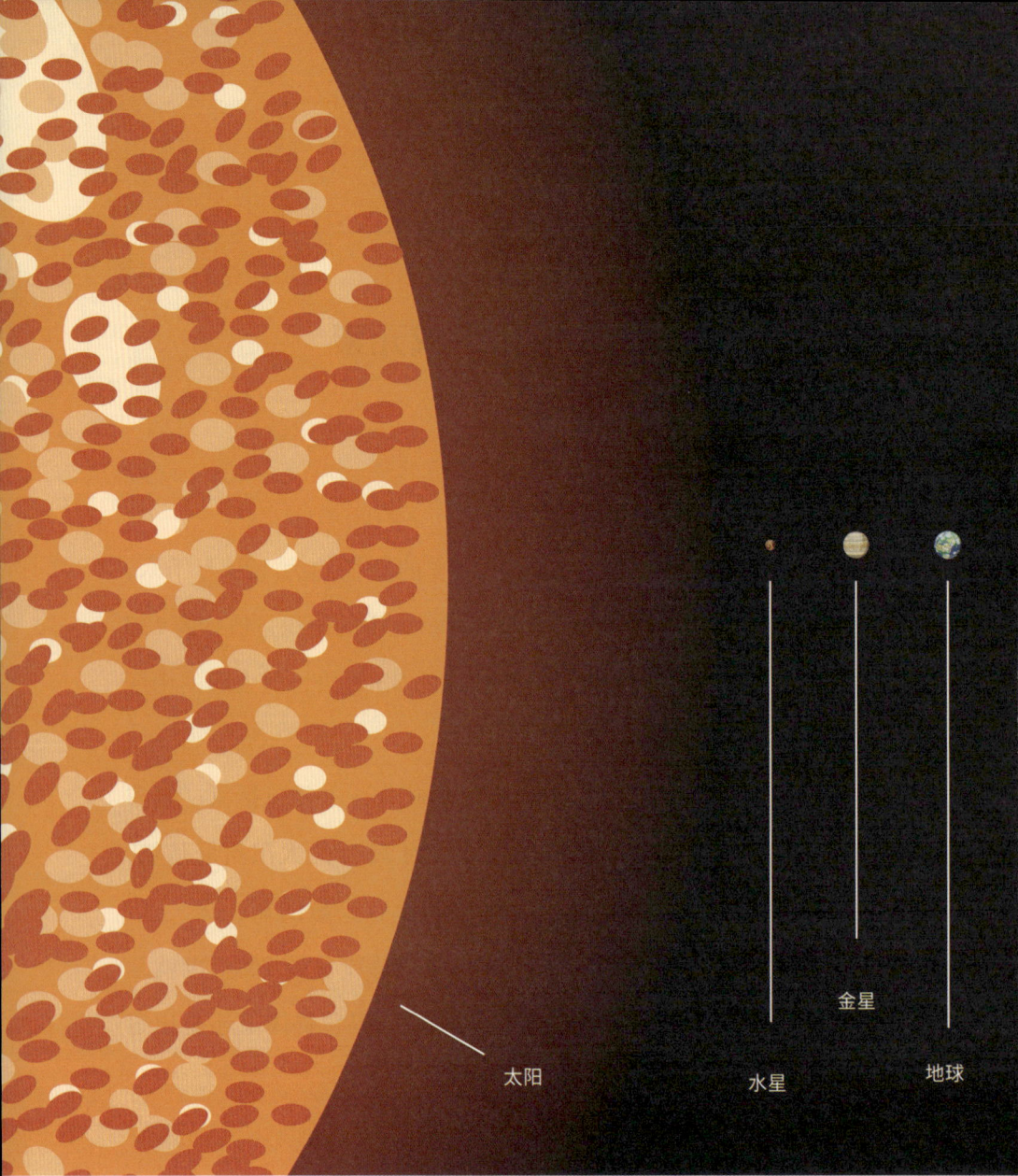

图 4-1　太阳和几颗行星的大小对比

太阳

水星

金星

地球

木星

土星

天王星

海王星

太阳的结构

太阳的结构由内到外可分为核心、辐射层和对流层三个部分（图 4-2）。其中，核心是太阳最内部的部分，温度高达 1 500 万℃，其密度也非常高，约占太阳总质量的 50%。

核心是太阳能量的主要来源，通过核聚变反应将氢转化为氦，释放出大量的能量和光辐射。

辐射层是太阳的第二层，密度比核心低很多。在这一层中，能量通过辐射的方式向外传递。

对流层是太阳的第三层，密度比辐射层更低。在这一层中，能量通过对流的方式向外传递，太阳物质在这一层中形成了许多气流和涡旋。这些气流和涡旋使得太阳表面出现了许多小的亮斑和暗斑。

在核心、辐射层和对流层之外，是太阳的大气层。

太阳的大气结构由内到外可分为光球、色球和日冕三层。光球是太阳外层的可见部分，光球层厚数百千米，我们所见到的太阳可见光，几乎全是由光球发出的。

光球层温度约为 5 500℃，密度比对流层更低。在光球中，太阳物质形成了许多颗粒状结构，我们称它们为太阳米粒，这些颗粒的直径有1 000千米左右。

色球是太阳大气的第二层，密度比光球更低。在这一层中，太阳物质形成了许多小的气泡和磁场结构，这些结构会导致太阳表面出现许多小的亮斑和暗斑。色球层从光球表面到2 000千米高度，它得在日全食时或用色球望远镜才能观测到。色球层温度在光球500千米之上的色球边缘温度最低约4 500℃，然后随高度增长，在1万千米高度的日冕区底层边界，温度已达到百万℃以上。

日冕是太阳大气的最外层，温度约为100万℃，密度非常低。在日冕层中，太阳物质形成了许多大的磁场结构，这些结构会导致色球层出现耀斑，光球层出现黑子。

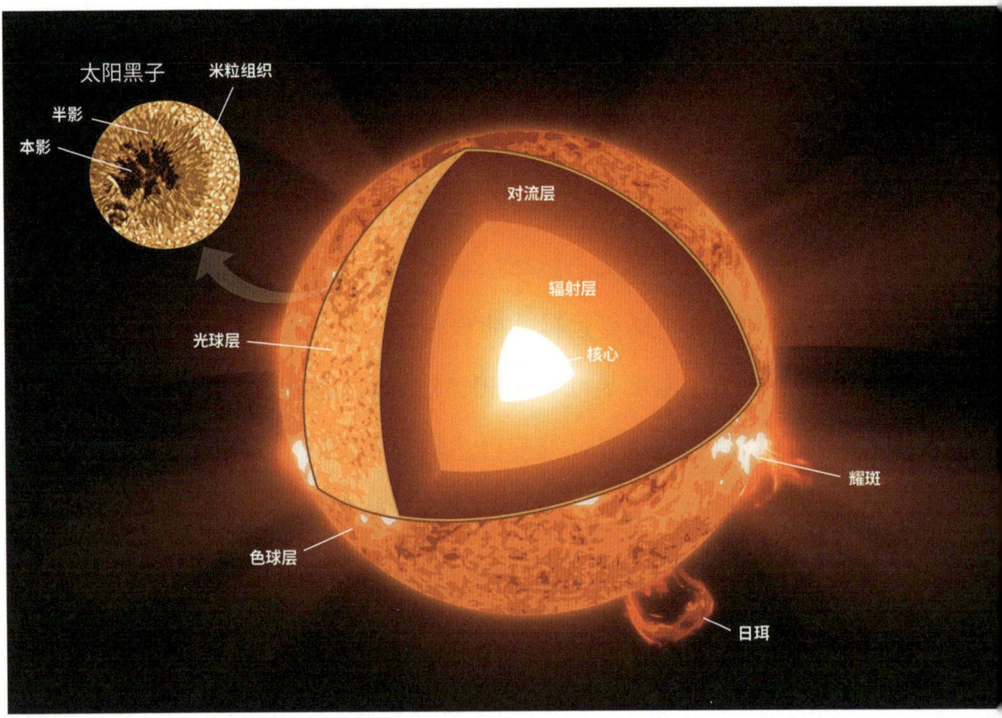

图 4-2 太阳结构示意图

太阳的温度和颜色

太阳光球层的温度约为 5 500℃，在该温度下，太阳发出的可见光中，辐射能力峰值的波长为 475 纳米，位于光谱的蓝色和绿色之间。然而我们看到的太阳颜色却不是蓝绿色，这是因为太阳光是混合光，光在混合之后，绿色就看不出来了。而且，我们在地球上看到的太阳颜色不仅取决于太阳本身的颜色，地球大气也会对我们观察到的太阳光造成影响。当太阳刚升起或快落下时，由于此时太阳光和地平线的夹角过小、穿过的大气层过厚，大气散射的影响较大，我们看到的太阳就会呈现红色（图 4-3）。

除了测量恒星光球层的温度，我们还可以通过其光谱来判断它

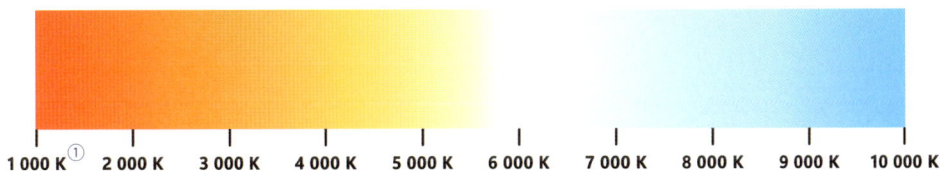

| 1 000 K[①] | 2 000 K | 3 000 K | 4 000 K | 5 000 K | 6 000 K | 7 000 K | 8 000 K | 9 000 K | 10 000 K |

图 4-3　温度与颜色的关系

———————

① 开尔文简称开，国际代号 K，是热力学温度单位，另一个热力学单位是摄氏度，摄氏度 = 开尔文 -273.15。

们的颜色。当一束光被棱镜分光后，按照波长（或频率）大小依次排列，如此得到的图谱就是光谱。我们可以根据不同光谱的性质来对恒星进行分类，并判断其颜色。比如在分类中常用的摩根 - 基南光谱分类法（Morgan-Keenan classification,MK classification），该分类方法由美国天文学家威廉·威尔逊·摩根（William Wilson Morgan）和菲利普·C.基南（Philip C. Keenan）提出，现今被广泛应用于恒星物理的研究之中。根据此方法，恒星被分为 O、B、A、F、G、K、M 七类，分别对应不同的恒星颜色，而太阳属于 G 型，对应的就是黄色。

太阳的活动

太阳日常除了宁静的状态，还会爆发活动。

太阳的活动主要包括黑子、耀斑、日珥（暗条）、不同波段辐射的显著增强以及太阳等离子体的运动、抛射及带电粒子的加速。

太阳活动的强弱变化是有周期的，太阳黑子数量是描述太阳活动的典型指标。目前我们观测到的最短黑子周期为 9 年，最长黑子周期为 14 年。不同周期之间黑子数的变化也非常明显（图 4- 4）。

平均来看，黑子数变化的周期大约是 11 年，但相邻两个周期的磁场活动极性相反。如果考虑到太阳黑子出现时的磁场极性不同，太阳活动周期为 22 年左右。

19 世纪 40 年代，瑞士伯尔尼天文台的台长鲁道夫·沃尔夫（Rudolf Wolf）了解到，德国天文爱好者塞缪尔·海因里希·施瓦贝（Samuel Heinrich Schwabe）发现太阳黑子活动存在周期性，也开始用望远镜观测太阳黑子。为了获得更长时间纬度的黑子观测数量，沃尔夫还收集了历史上的观测资料。但当时不同的天文学家和天文台对于太阳黑子的观测资料都带有个体倾向，难以放在一起做比较。

图 4-4　太阳黑子

为使不同天文台以及不同人的太阳黑子观测资料具有可比性，沃尔夫在 1848 年提出了太阳黑子相对数的概念，将不同观测资料进行换算统一。沃尔夫还提出，可将太阳黑子数从一个极小到另一个极小之间的时间间隔定为一个太阳活动周。1755~1766 年被定为第一个太阳活动周。在此之后，天文学家们对太阳黑子进行了持续的观测。2020 年第 24 个太阳活动周结束，我们此刻已经进入了第 25 个太阳活动周。据天文学家推测，太阳活动强烈时所释放的能量比低谷时高 0.1% 左右。

　　太阳活动的变化会对地球的气候造成影响，但影响相对较小。"太阳活动的变化"与"太阳活动"是两个不同的概念。太阳活动强烈时，释放的能量会增加，可能会导致地球接收到的辐射变多。然而，太阳活动不能解释全球变暖的问题。相反，人类活动排放的二氧化碳像棉被一样覆盖在地球周围，使地球向外辐射的热量更多地被拦截回来，重新回到地表，形成"温室效应"。这样一来，地球的热量平衡就被打破了，该散出去的热量出不去，全球不就变暖了吗？

图 4-5 太阳表面活动

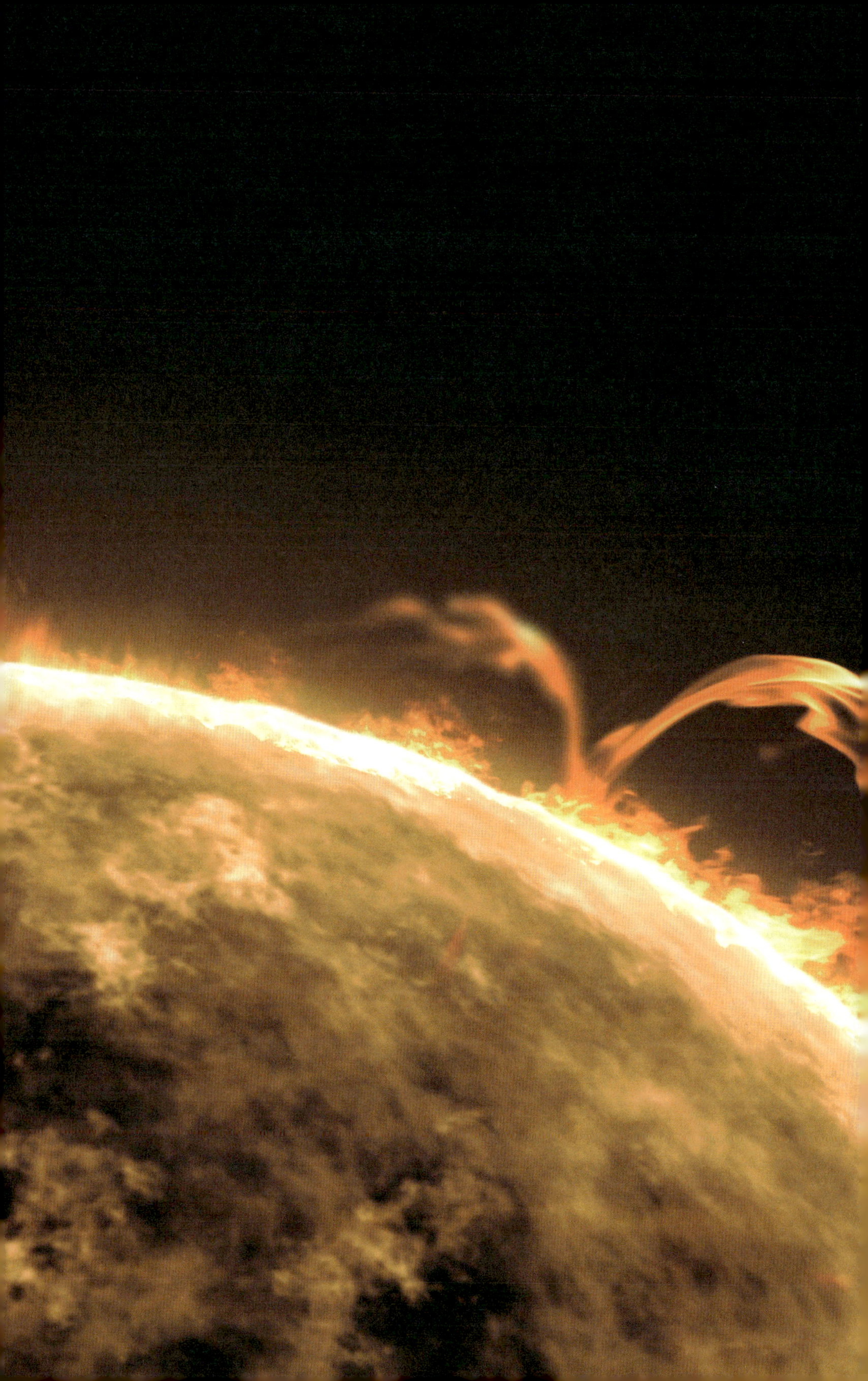

图 4-6 地球上的极光

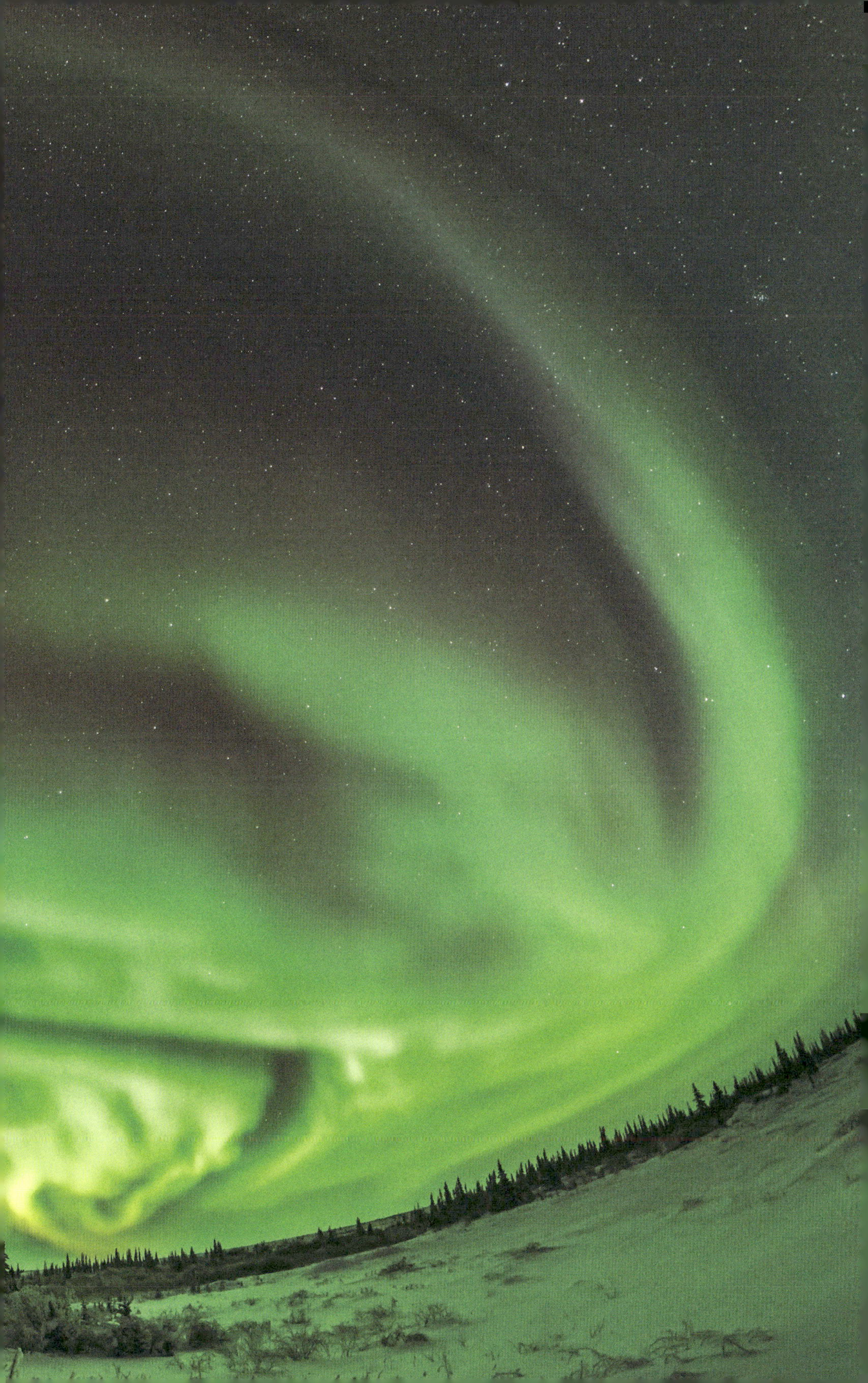

第二部分

太阳系

05 / 日食和月食

日食

日食和月食是两类特殊的天文现象。古人很早就观测到日月食现象，并且能够合理推测出日月食产生的原因，还能比较精确地预测日月食的发生时间。

现代天文学家已经可以计算出每一次日月食的出现时间和可以观测到的地理位置，并且计算结果是非常精准的。

日食是指当太阳、月球、地球三者处于一条直线上时，月球位于地球和太阳之间，挡住了来自太阳的光线，从地球上看到太阳被遮挡的现象。由于月球距离我们更近，我们从地球上看会觉得月球和太阳大小相似，日食发生时，场景是非常壮观的（图5-1）。

地球上一年能够看到的日食次数平均会出现2~5次。日食出现的时间和地点都非常有规律，天文学家可以计算和预测出来。但如果我们长期居住在一个地方，以北京为例，人们平均每3年能见到一次日食，大约10年能见到4次月食。并且日食只能发生在农历初一，即新月时刻。

日食的类型一共有三种，分别是：日全食、日偏食、日环食。

🔍 日全食

日全食是指太阳完全被月球遮挡，只留下一圈光晕。彼时，我们看到的太阳是一个黑色的外圈发光的圆盘（图 5-2）。

月球自西向东，围绕地球公转，因此，在日全食发生时，月球总是从太阳的西侧开始逐渐遮盖太阳。日全食的全过程可以分为五个阶段：初亏、食既、食甚、生光和复圆。

1. 初亏：当月球的东边缘刚接触到太阳圆面的瞬间，也就是月球与太阳外切的瞬间，称为初亏。这时，太阳的一部分开始被月球遮挡，日食正式开始。

2. 食既：从初亏开始，月球继续相对太阳向东移动，太阳被遮住的面积逐渐增大，直到形成"贝利珠"①现象。这个阶段被称为食既。在此阶段，月球的东侧边缘与太阳的东侧边缘内切。

3. 食甚：当月轮中心与日轮中心接近时，太阳被完全遮挡，形成一个黑色的圆盘。这个时刻被称为食甚，也是日全食的高潮（图 5-3）。

4. 生光：当月球开始从太阳前方移开，太阳的光线重新开始照

---

① 贝利珠：在日全食的食既或生光发生时，月球虽然把太阳完全遮住，但由于月球边缘的凹陷地貌，太阳光从凹处发射出来而形成的明亮光点。1836 年，弗朗西斯·贝利（Francis Bally）正确解释了这一现象，因此该现象被称为贝利珠。

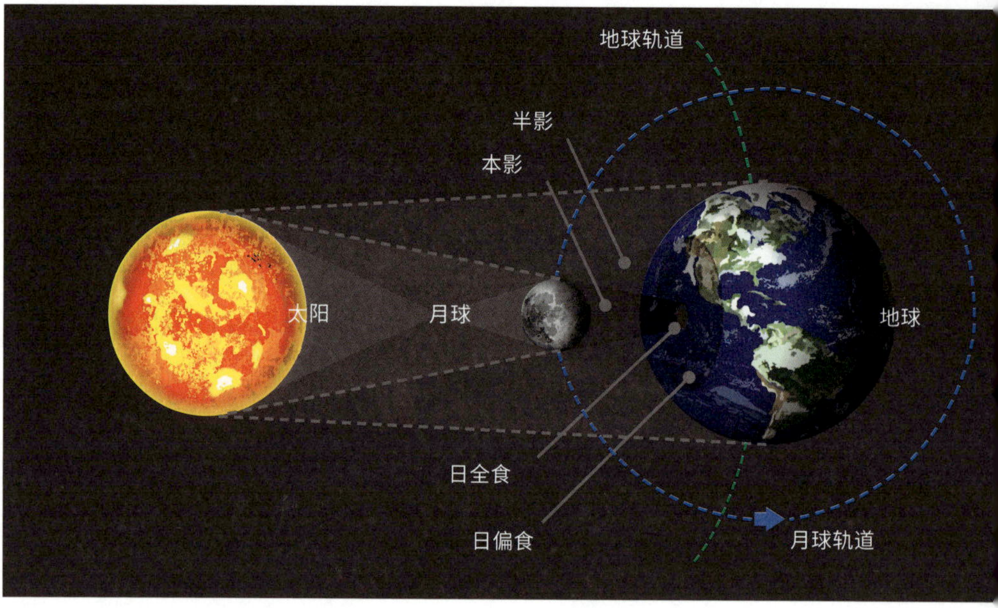

图 5-1 日食的原理

射到地球上。这个阶段被称为生光。此刻，月球的西侧边缘
与太阳的西侧边缘内切。

5. 复圆：当月球的西边缘与太阳的东边缘相外切的刹那，称为
   复圆。这时太阳又恢复原本明亮的圆盘形状，整个日食过程
   宣告结束。

日全食的食甚阶段才是真正意义上的日全食，这个过程持续的
时间不长，最长为 7 分 30 秒。其余阶段都是日偏食。也就是说，日

全食是日偏食的极端情况。天文学领域还用"食分"来衡量日食发生过程中太阳被遮挡的程度。食分指的是太阳的直径有多大比例已经被遮挡了。初亏时食分为 0，食甚时的食分可能比 1 稍大。

地球上只有一条狭窄的带状区域能观测到日全食的完整过程。这个区域就是"全食带"。2009 年发生于我国长江流域的日全食，全食带长度大约 1 万千米，宽度大约 230 千米。

图 5-2　日全食全过程

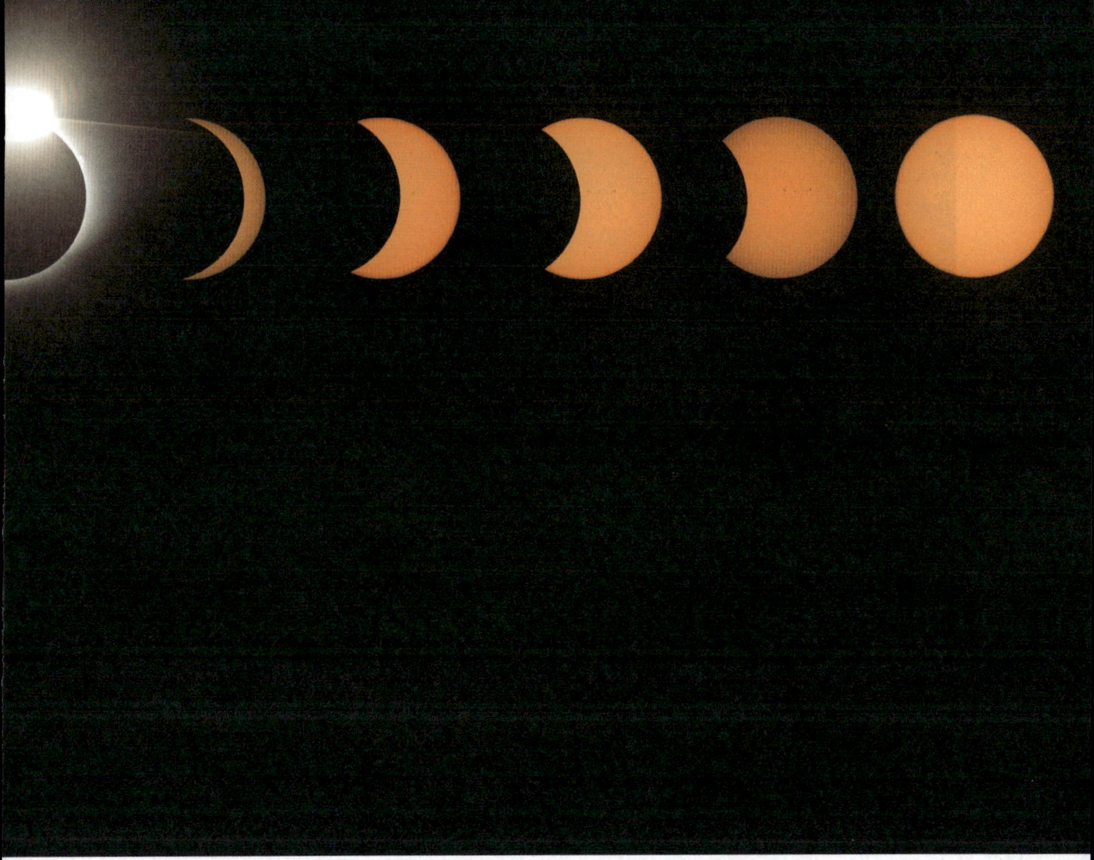

图 5-3　食甚

图 5-4　日偏食的全过程

日偏食

日偏食是指当月球在其轨道上经过太阳与地球之间时，月球遮挡了部分的太阳光线，使我们在地球上的某些区域能够观察到太阳被遮挡的现象（图 5-4）。

在地球的全食带两侧比较宽广的区域，人们可以观测到日偏食。日偏食即太阳被部分遮挡。使用滤光片等设备，观察者在日偏食期间可以看到太阳的一部分或大部分被月球遮挡，形成一个弧形的遮挡区域。日偏食的发生经历三个阶段，分别是初亏、食甚（食中）和复圆。

1. 初亏：当月球的边缘开始接触到太阳圆面的瞬间，称为初亏。此时，太阳的一部分开始被月球遮挡，形成一个"缺口"。

2. 食甚：从初亏开始，月球继续向东移动，遮挡住太阳的面积

图 5-5 日环食的全过程

　　逐渐增大。当月球遮挡住太阳的最大面积时，称为食甚。

3. 复圆：当月球开始从太阳前方移开，太阳的光线重新照射到地球上，形成一个光环。当月球的边缘完全离开太阳圆面时，称为复圆。日偏食结束。

　　由于日偏食的发生过程中不存在全食现象，因此地球上没有所谓的"全食带"，而在地球上很大的区域范围内都可能见到日偏食的现象。

🔍 日环食

日环食是指当月球运行到地球与太阳之间，但此时月球距离地球较远，遵循近大远小的视觉效果，月球无法完全遮挡住太阳，因此在地球上看到的太阳逐渐呈现为一个光环的天文现象（图5-5）。

日环食的过程可以分为七个阶段：初亏、偏食、环食始、食甚、环食终、偏食和复圆。

1. 初亏：当月球的边缘开始接触到太阳边缘的瞬间，称为初亏。此时太阳的一部分开始被月球遮挡，形成一个"缺口"。

图 5-6 日环食的食甚

2. 偏食：从初亏开始，太阳被遮挡的区域逐渐增大的过程。

3. 环食始：月球继续向东移动，整个月球进入太阳圆面范围，太阳形成一个不对称的光环。

4. 食甚：环食开始后，月球在太阳圆面内部移动，当月亮中心与太阳中心最接近时，称为食甚（图 5-6）。

5. 环食终：食甚之后月球继续在太阳圆面内移动，逐渐接近太阳边缘，月球再次与太阳圆面内切。

6. 偏食：太阳被月球遮挡的区域逐渐减小。

7. 复圆：当月球开始从太阳前方移开，太阳的光线重新照射到地球上，形成一个光环。当月球的边缘与太阳圆面外切时，称为复圆。此时，日环食结束。

日食观测方式

我们在观测日食时需要注意安全，太阳光直射眼睛容易灼伤视网膜，对眼睛造成不可恢复的伤害。以下介绍几种安全、科学地观测日食的方法。

佩戴专用眼镜

由于太阳光太强，我们必须佩戴某种减光装置将太阳光减弱后再观测日食。专门的天文器材商店会出售一种太阳滤光眼镜，它可以将绝大部分太阳强光过滤掉，这时我们就能看到太阳圆圆的轮廓，

图 5-7　观测日食的专用眼镜

或被月亮遮挡的缺口（图 5-7）。如果日面上有黑子，我们甚至直接就能看到！

通过小孔成像原理

利用小孔成像的原理，我们通过一张纸就能看到太阳的倒影。

将一张纸对准太阳，再在纸上穿一个小孔，就可以在地上看到透过小孔的太阳的倒影。这种方法虽然简单，但是需要注意在观测时不要将头部靠近纸张，以免被太阳光直接照射到眼睛。

使用望远镜观测

使用望远镜观测日食时需要注意安全。绝对禁止在没有任何减光措施的情况下，用肉眼直接通过望远镜观测日食，这会造成视力受损，甚至导致失明。

安全的做法是在望远镜的物镜前端加上减光膜（片），但是要注意检查减光膜（片）是否完好。否则，若减光膜（片）有意外损坏的情况，其泄漏的强光足以伤害我们的眼睛。因此，在使用望远镜观测日食时，最好的办法是使用专门的太阳滤镜来保护眼睛。

月食

当地球运行至太阳和月球之间，地球挡住了太阳光，地球的影子落在月球上形成月食（图5-8）。

月食只能发生在满月时，一般在农历的十五、十六。

月食的种类有两种：月全食、月偏食。

月全食

当月球、地球、太阳完全在一条直线上的时候，地球在中间，整个月球全部进入地球的本影里，月亮表面变成暗红色，形成月全食（图5-9）。

月全食的发生有初亏、食既、食甚、生光、复圆五个阶段，整个过程最长可以持续3.8小时。

1. 初亏：在初亏时，月球开始进入地球的本影区，月球表面开始逐渐变暗。

2. 食既：在食既时，月球已经完全进入地球的本影区，月球表

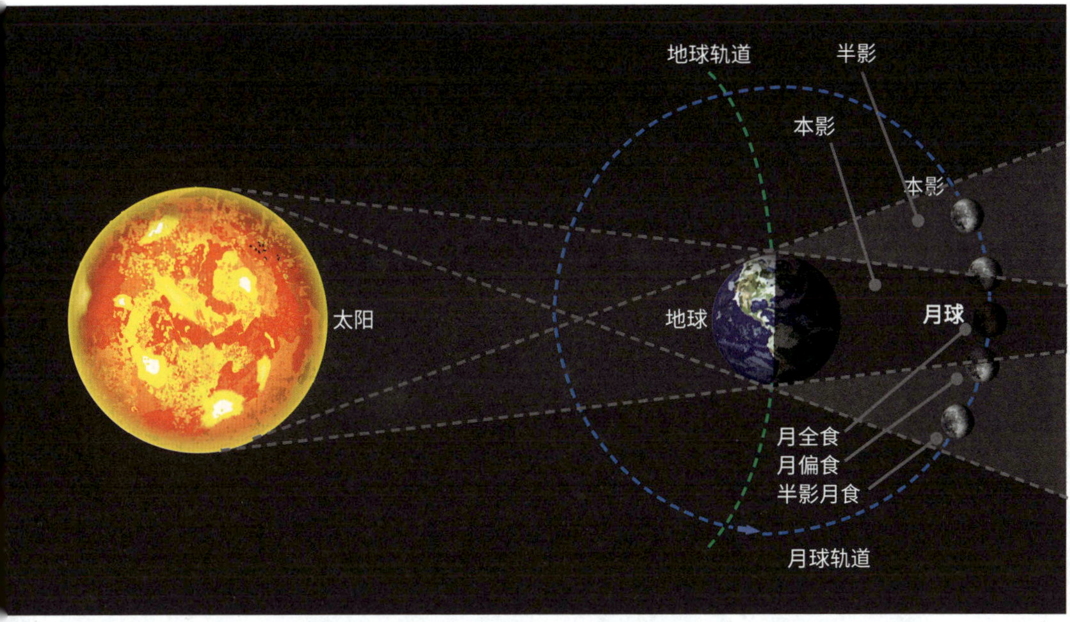

图 5-8　月食的原理

面呈现暗红色。

3. 食甚: 在食甚时, 月球最靠近地球本影中心, 此时月球表面的暗红色最为明显 (图 5-10)。

4. 生光: 在生光时, 月球开始从地球的本影区脱离出来, 月球表面逐渐变亮。

5. 复圆: 在复圆时, 月球完全脱离地球的本影区, 一切恢复正常。

　　与日全食不同, 月全食在食甚阶段不会完全变黑。月全食时, 月球完全进入地球的本影区域, 这时太阳光无法直射月球表面, 但是一部分太阳光会经过地球大气层的散射和折射, 射向月球表面。

图 5-9 月全食的全过程

这些光线中波长较短的蓝色光和绿色光被大气层散射了，而波长较长的红色光则穿过大气层，到达月球表面。月球表面的物质会反射这些红色光，使得我们在地球上看到的月球呈现出暗红色。因此，月全食时的"红色月亮"是由于地球大气层对太阳光的散射和折射。

🔍 月偏食

月偏食是指月球在绕地球公转的过程中，只有部分进入地球的本影，形成的一种月食现象。

月偏食的过程可以分为三个阶段：初亏、食甚和复圆。

初亏是指月球开始进入地球本影的阶段；食甚是指月球进入

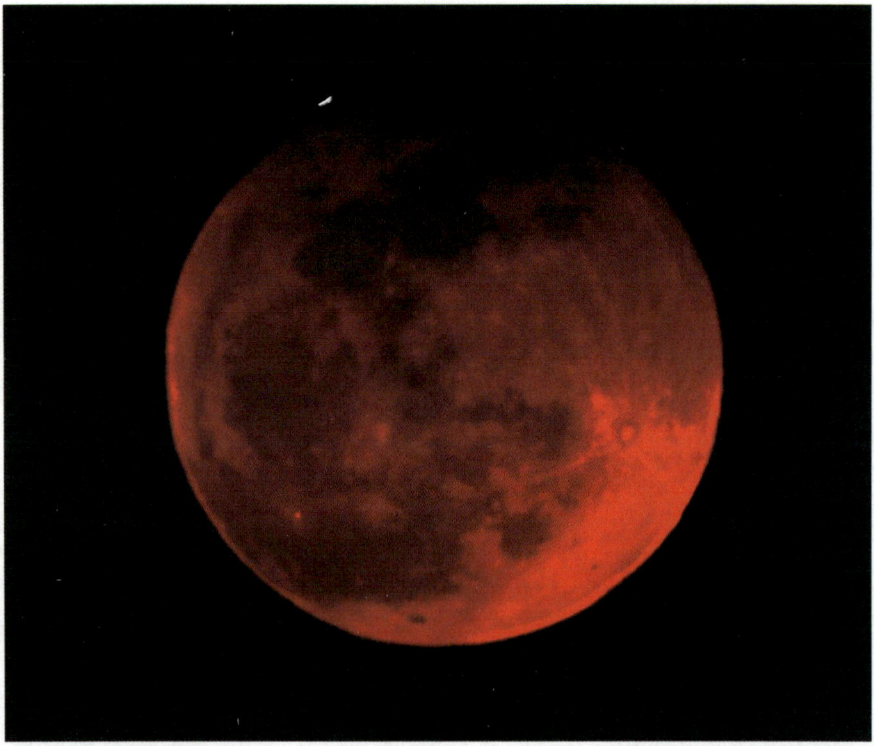

图 5-10　月全食食甚

地球本影最中心处的阶段；复圆是指月球从地球本影中脱离出来的阶段。

月偏食的持续时间一般在数小时内，具体时间取决于月球进入地球本影的位置和速度等因素。

半影月食

半影月食是指月球在绕地球公转的过程中，只进入地球的半影区域，由此形成的一种月食现象。

地球的影子可以分为本影和半影两部分。当月球进入地球的半影区域时，照向月球的太阳光被部分遮掩，这种现象在天文学中被称为半影月食。实际上，月全食和月偏食的开始阶段也要经历半影月食。

半影月食与全影月食及月偏食不同，它的特点是月球只进入地球的半影区域，而没有进入地球的本影区域。因此，半影月食的现象不够明显，我们在多数情况下不容易用肉眼分辨出来。半影月食一般不算作月食。

一个好问题

为什么不存在半影日食和月环食呢？

不能忽视的黄白交角

月亮围绕地球旋转一周的时间为一个月。根据我们之前学过的月相知识，每个月地球都会有一次机会位于太阳和月球之间；月球每个月也有一次机会位于太阳和地球之间，这就是满月和新月。日食发生的时候一定是新月，月食发生的时候一定是满月。但是，这个逻辑反过来就不成立，不是每次新月都会发生日食，也不是每次满月都会发生月食。这是为什么呢？

简单来说，在满月和新月时，太阳、地球和月球一般不会完全位于一条直线上。

我们在第 2 章中讲过，太阳在天空中经过的轨迹是黄道，这是地球围绕太阳公转的轨道平面在天球上的投影。月球围绕地球公转的轨道平面在天球上的投影是白道，白道是月球在天空中经过的轨迹。

从地球上看，太阳运动的黄道和月球运动的白道并不完全重合，两条轨道平面之间存在一个夹角，这就是黄白交角，数值大约为 5°。正是由于黄白交角的存在，才使得日食和月食不会每个月都发生。

为什么黄道面和白道面没有完全重合呢？因为地球的公转轨道和月球的公转轨道不在同一个平面上，因此黄道面和白道面也不在同一个平面上。

太阳系

06 / 行星（上）

太阳系的八颗行星

太阳系中除了太阳，最重要的天体是八颗行星。按照距离太阳从近到远的顺序排列，它们分别是水星、金星、地球、火星、木星、土星、天王星和海王星（表6-1）。

我们把这八颗行星的大小列表展示，从赤道直径可以看出，水

表6-1　八颗行星大小对比

行星	赤道直径（千米）	与地球直径比值	质量（千克）
水星	4 879.4	0.38	3.3010×10^{23}
金星	12 103.6	0.95	4.8673×10^{24}
地球	12 742	1	5.9722×10^{24}
火星	6 779	0.53	6.4169×10^{23}
木星	139 822	10.97	1.8981×10^{27}
土星	116 464	9.14	5.6832×10^{26}
天王星	50 724	3.98	8.681×10^{25}
海王星	49 244	3.86	1.0247×10^{26}

星、金星和火星都比地球小。木星、土星、天王星和海王星都远大于地球。也就是说，前四颗行星的尺寸较小，后四颗行星的尺寸较大。

从密度上看，水星、金星、火星的密度接近地球上岩石的密度，表明这几颗行星的成分以岩石为主。木星、土星、天王星、海王星的密度都在 1 克 / 立方厘米左右，接近水的密度。

因此，天文学上把太阳系的八颗行星分为两大类。前四颗行星以地球为代表，称为类地行星。后四颗行星以木星为代表，称为类木行星。

类地行星

类地行星，顾名思义就是类似地球的行星。

太阳系中有四颗类地行星，除了地球，还有水星、金星和火星。它们距离太阳较近，体积和质量都较小，平均密度较大，大小与地球差不多，也都是由岩石构成的。

类地行星具有像地球一样坚硬的固态外壳，内部核心温度很高。

水星

认识水星

距离太阳最近的类地行星是水星（图 6-1）。它是太阳系中最小的行星，也是最接近太阳的行星。它的直径只有地球的 38% 左右。由于距离太阳非常近，因此它的表面温度非常高，白天可以达到 430℃，晚上则会降至零下 180℃左右。水星的表面布满了撞击坑和峡谷，这是因为它没有大气层的保护。水星的地壳也很脆弱，因此它的表面有很多裂缝和断层。

水星距离太阳很近，所以在地球上看水星，水星不会远离太阳。

图 6-1　水星近景

水星距离太阳的最大夹角为 28°，也就是说，水星大部分时间都过于靠近太阳，在地球上无法直接观察到水星。当水星与太阳的夹角较大时，在太阳落下后，水星可能出现在地球西方的地平线上，这时水星位于太阳东方最大角度处，即水星东大距。相反，当水星位于太阳西方的最大角度处时，太阳升起之前，我们可以在东方的地平线上观察到水星，这时的天文现象叫水星西大距。

当水星与太阳相合时，又分为两种情况。水星运行到太阳背后时，称为上合。水星运行到太阳和地球之间时，称为下合。

下合时一种特殊的天文现象可能会发生，即水星从太阳的表面经过。我们利用天文望远镜可以观察到水星的圆面划过太阳表面的现象，称为"水星凌日"。平均每100年会出现13次水星凌日的现象。

水星的内部结构与地球类似（图6-2）。不同的是，水星的体积

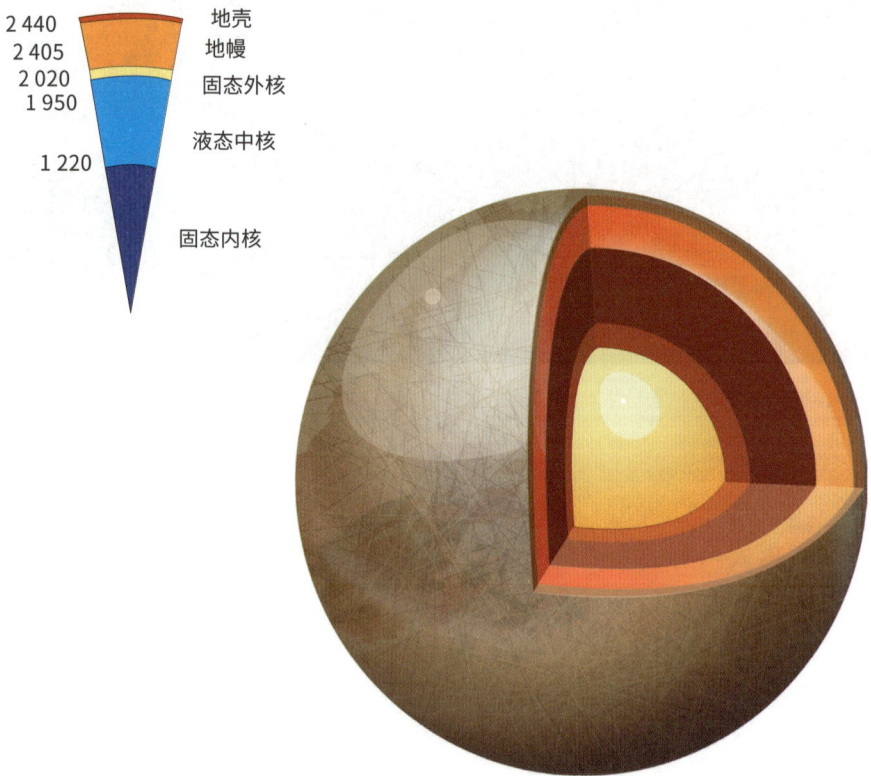

2 440   地壳
2 405   地幔
2 020   固态外核
1 950
   液态中核
1 220

固态内核

图6-2 水星的内部结构（数字单位为10^3km）

较小，但它的固态内核体积相对较大，占全部体积的 60%。

与地球相比，水星的自转周期非常慢，约为 59 天，公转周期约为 88 天。水星没有空气，也没有卫星，因此它的夜空非常黑。

探索水星

人类对水星的探索历史可以追溯到 20 世纪 70 年代。从那时起，人类一直通过探测器和地面望远镜对水星进行观测和研究。随着科技的不断进步，人类对水星的认识也在不断深入。

第一个水星探测飞行器是 1973 年 11 月 3 日由美国发射的"水手10 号"。"水手 10 号"不仅探测了水星，还探测了金星。它的主要任务是对水星和金星的环境、大气、地表等进行勘探。"水手 10 号"拍摄了水星大约一半地表的图片，这是人类之前依靠望远镜观测水星时难以获得的资料，它拍摄到水星表面密密麻麻的环形山，这些环形山和月球表面的环形山非常相似。

此后，人类对水星的探索并没有停下脚步。2004 年，美国国家航空航天局（NASA）发射了一颗名为"信使"的探测器，它于 2011年 3 月 17 日进入水星轨道，成为第一个绕水星飞行的探测器。"信使"号探测器在水星上进行了广泛的科学研究，包括观测和研究水星表面、磁场、大气层等。

除了探测器，人类还通过地面望远镜对水星进行观测。不过，由于水星距离太阳很近，很容易被太阳光辉淹没，因此观测水星只能在傍晚或黎明时进行。

图 6-3　金星模拟图像

金星

认识金星

距离太阳第二近的是金星（图6-3）。金星的直径比地球略小。

金星是太阳系中最亮的行星，因为它拥有浓密的大气层，所以能够反射大量太阳光，亮度很高。

金星大气压约是地球大气压的93倍，由于浓密厚重的大气层的存在，太阳光很难穿透大气直接照射到金星表面，但这不意味着金星表面温度低，相反，厚厚的大气包裹使得金星成为太阳系里表面温度最高的行星，超过460℃，它比更靠近太阳的水星还要热。

金星过去可能有海洋和比较丰富的地表特征，但在长时间的高温高压环境下产生的温室效应使海洋蒸发掉了，金星表面变成完全不适合生命生存的极端环境。

金星的公转周期大概是225天，自转周期大概是243天，自转时间比公转时间还长。

金星距离太阳也很近。金星与太阳的最大夹角不超过48°。这个角度比水星与太阳的最大夹角要大一些，所以我们在地球上能更容易地观察到金星。最佳的观察时间是金星的东大距和西大距阶段。

"金星凌日"的天文现象比较罕见，但也有可能在金星下合时发生。

一般金星凌日现象是成组出现的，2次为一组，每次间隔8年，每组间隔100余年。上一组金星凌日发生于2004年和2012年，根据科学计算，下一组将发生于 2117 年和 2125 年。

当恰好发生日出或日落时，金星凌日可以用肉眼观察到。但是请注意，不要直接用眼睛或望远镜进行观测！这是非常危险的！观测太阳需要使用特制的天文眼镜，或在望远镜前加装滤光片，起到滤光的作用。

在我国古代，金星被称为"太白"。当金星处在西大距阶段时，天亮前容易看到金星，古人称之为启明星。当金星处在东大距阶段时，天黑后容易见到金星，古人称之为长庚星。

探索金星

在 20 世纪 60 年代，苏联首次成功向金星发射了探测器。1961 年，苏联的"金星 1 号"探测器是人类历史上第一个飞越金星的探测器。1961~1984 年，苏联发射了一系列名为"金星"的探测器，其中包括多个着陆和飞越任务。从"金星 1 号"到"金星 6 号"，探测器均在进入金星大气层后就迅速失联，经过改进的"金星 7 号"和"金星 8 号"虽然在金星表面成功着陆，但"金星 7 号"仅维持运转了 23 分钟，而"金星 8 号"在着陆后坚持运行了 50 分钟却只传回 11 秒的有效数据。

"金星 9 号"和"金星 10 号"基本同时在金星着陆，这两枚探测器都安装有专门的冷却系统。其中"金星 9 号"在运行 53 分钟后便在高温和高压下损毁了，不过，"金星 9 号"发回了首张金星表面的照片，让人们第一次近距离看到了金星表面的真实情况。从照片中

看，金星表面与火星表面十分相似。同时，"金星9号"还传回了金星的大气成分和气压的重要数据。而着陆在另一片区域的"金星10号"也传回了黑白影像，它所处的地形比较平坦，几乎没有石头，与"金星9号"周围布满石头的环境差别很大。这枚探测器在运行了65分钟后便宣告失联。不过，两枚探测器传回来的信息显示，金星地表有被腐蚀的痕迹，这说明金星的大气具有很强的酸性成分。

在前几次金星探测器成功着陆后，苏联在1978年相继发射了"金星11号"和"金星12号"两枚探测器，但这两枚探测器在进入金星大气层后都出现了相机故障而未能传回任何图像。在之后苏联又发射了改进过的"金星13号"探测器，这枚探测器成功传回多张彩色图像，并创下了连续运行127分钟的超预期纪录。"金星13号"传回的彩色图像证实了金星上有硫酸雨的现象，而且整个行星表面时刻都有飓风肆虐，因此金星有整个太阳系中最平坦光滑的地表环境。

美国从20世纪60年代也开始探测金星。1962年，美国的"水手2号"金星探测器发射成功，探测了金星的大气温度。1978年，美国的"先驱者-金星1号"发射，并成功进入金星轨道，对金星的大气、云层、电离层展开详细研究。

2021年，美国国家航空航天局宣布，将在未来10年向金星发射两个探测器。它们是负责绘制金星表面地图的轨道飞行器"真理号"和潜入金星大气层的探测器"达芬奇+"。随后，欧洲航天局也透露，将向金星发射一台名为"展望号"的轨道飞行器。

金星的内部结构分为固态内核、液态外核、下地幔、上地地幔、地壳（图6-4）。水星和金星与太阳的距离都比地球近，它们位于地球轨道以内围绕太阳运动，所以水星和金星又被统称为内行星。接下来，咱们来认识一下地球轨道之外的行星，也就是外行星。

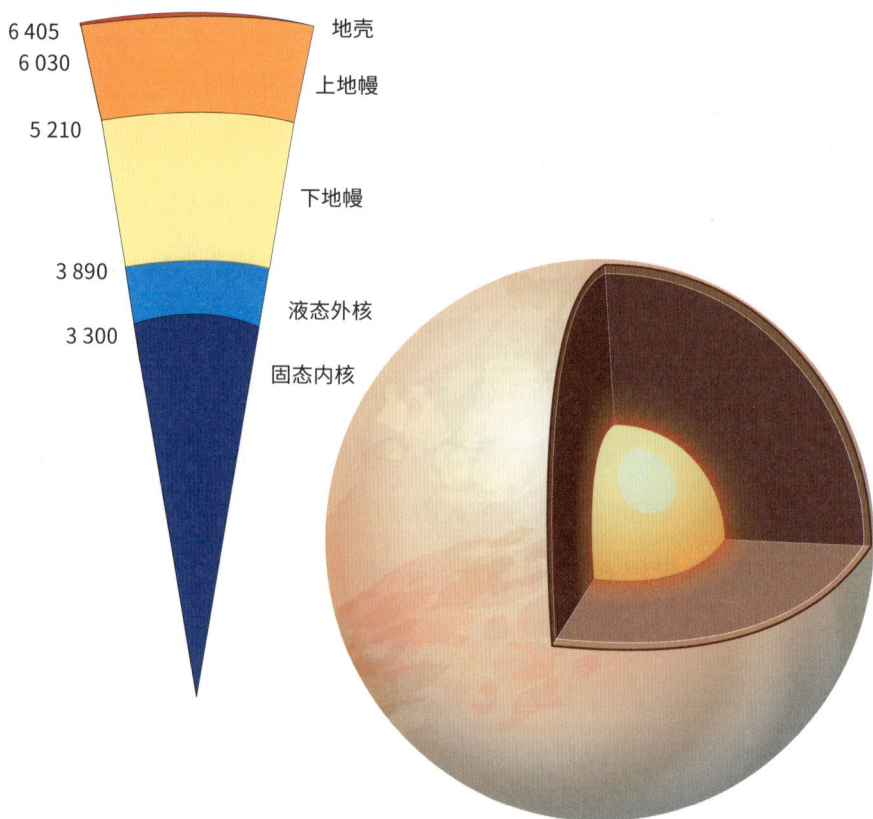

图6-4　金星的内部结构（数字单位为10^3km）

图 6-5　火星模拟图像

图 6-6　火星上的大峡谷——水手号峡谷群

🔍 火星

认识火星

　　顺位第一的外行星也是外行星中唯一的类地行星——火星（图 6-5）。

　　火星是太阳系中的第四颗行星，其表面有许多撞击坑，还有山脉、峡谷和沙漠等地貌，其红色的表面是由于铁氧化物。

　　火星表面广泛分布氧化铁，也就是俗称的"铁锈"。火星上的

"铁锈"是怎么形成的呢？火星表面的岩石由于风化作用，逐渐变成沙尘，其中的铁质被氧化成红色的氧化铁。这些氧化铁颗粒反射太阳光，使火星看起来是红色的。另外，因为火星表面几乎到处都覆盖着厚厚的氧化铁沙尘，所以当沙尘暴发生时，扬起的沙尘遮住了表面原本灰褐色的沙砾和石块，给观察者留下了"红色星球"的印象（图6-7）。

火星的大气层非常稀薄，主要由二氧化碳组成，其中还含有少量的氮气和氩气等。火星的气候条件十分恶劣，表面温度极低，夜

图 6-7 火星表面

间甚至可能降至零下100℃左右。目前，人类已经多次向火星发射探测器，以了解火星的地质、气候和生命迹象等方面的信息。

火星是一个寒冷荒芜的星球，地形多样，有高山、平原和峡谷。火星基本上是沙漠行星，表面遍布沙丘、砾石。由于重力较小，地形、尺寸等与地球不同。

火星的南北半球差别很大，北半球低洼平坦，南半球有很多高原。

火星上最壮观的特征是位于赤道附近的大峡谷，其中尤以"水手谷"最为突出（图 6-6）。

水手号峡谷群由一系列峡谷组成，绵延 5 000 千米以上，宽 500 千米，深也可以达到 6 千米左右。这样的峡谷群是地球无可比拟的。火星上的奥林匹斯山更为神奇。这是一座盾形火山，直径约达 600 千米，海拔为 21 287 千米（按照火星的海拔基准面）。像水手号峡谷群和奥林匹斯火山这样的特大地貌，在整个太阳系里都是绝无仅有的。

火星的公转周期大约是地球公转周期的 2 倍，它的公转轨道更比地球的公转轨道更扁。火星的自转周期与地球相近，也就是说，火星一天的时间和地球一天的时间接近。火星自转轴的倾角为 25.19°，也与地球相近，因此火星上也有四季交替，火星每个季节相当于地球上的半年，约 172 天。

火星的内部结构与其他类地行星类似，分为固态内核、地幔、地壳三部分（图 6-8）。火星地壳的厚度约为 30～50 千米，比地球地壳的厚度薄得多。火星地壳的组成主要是硅酸盐岩石和玄武岩熔岩。火星地幔的厚度也比地球薄得多。火星地幔主要由橄榄石和辉石等矿物组成。火星固态内核的大小和组成元素目前仍存在争议。根据"洞察"号探测器的数据分析，火星地核比我们预期的要大，其组成元素可能包括铁、镍和硫等。

火星的卫星

火星有两个天然卫星，分别是火卫一和火卫二。它们的形状很不规则，可能是火星捕获的小行星。它们由美国天文学家阿萨

3 397
3 347

地壳

地幔

1 830

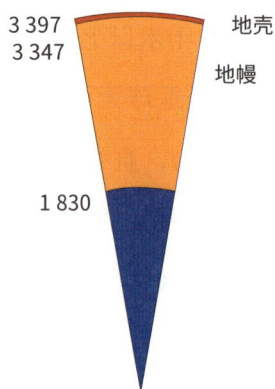

火星是粉红色的原因是
表面有大量氧化铁颗粒

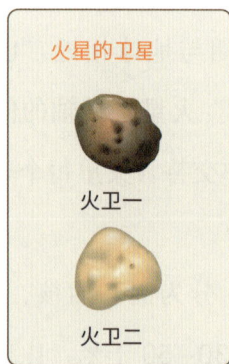

火星的卫星

火卫一

火卫二

图 6-8　火星内部结构，左下角是火星的两颗卫星（数字单位为 10^3km）

夫・霍尔（Asaph Hall）于 1877 年 8 月发现。

　　火卫一的半径为 11.2 千米，距离火星中心 9 370 千米，是太阳系中距离主星最近的卫星之一。火卫一绕火星公转的周期约为 8 小时，比火星自转快得多，所以从火星上看，它每天西升东落 3 次。

　　火卫一的表面温度约为零下 112～零下 4℃。火卫一的形状不规则，表面有大量陨石坑，其中有一个特殊的碗状陨石坑，直径约 9 千米。火卫一的质量很轻，表明它的内部有非常多的孔，含有高达

30%的空隙。除了陨石坑外，火卫一最引人注目的特征是许多宽200米的槽，这些槽可能是因为火卫一的内部结构不稳定而形成的。

火卫二的半径仅为6.2千米，距离火星中心23 500千米，绕火星公转的周期是30小时18分。火卫二的表面温度约为零下143~零下30℃。

火卫二的表面相对平坦，没有火卫一上所见的沟槽和山脊。它的陨石坑直径一般小于2.5千米。火卫二是一个暗淡的天体，似乎由碳型表面物质组成，类似于在外小行星带发现的小行星。其表面覆盖着细小、模糊的尘埃，可能是由于它的重力太低，喷出物逃往太空。

这两颗卫星的轨道并不稳定，火卫一有加速现象，轨道不断靠近火星，而火卫二却在慢慢远离火星。

探索火星

自从人类开始探索宇宙，火星一直是人类最关注的行星之一。火星大约每两年靠近地球一次，这为我们探索火星提供了机会。早在20世纪60年代，苏联和美国就已经向火星发射探测器了，但那段时期，大多数探测器都未能成功抵达火星。1962年，苏联发射了"火星1号"探测器，但在飞离地球约1亿千米时与地面失去联系，从此下落不明。1964年，美国向火星发射"水手4号"探测器，成功拍摄了21幅照片，发现火星上存在大量环形山，其大气密度只有地球的1%，既没有熔化的铁核也没有磁场。

20 世纪 70~90 年代初期，人类对火星的探索逐渐陷入停滞期。

1996 年至今，人类对火星的探索进入高速发展期。1996 年，美国发射了"火星探路者"号探测器，成功着陆并传回了大量数据。2003 年，欧洲航天局发射了"火星快车"号探测器，成功环绕火星。2012 年，美国发射了"好奇"号探测器，并成功着陆。2018 年，美国发射了"洞察"号探测器，成功着陆并开始对火星内部结构进行研究。

美国的"毅力"号火星车，于 2020 年发射升空，于 2021 年成功着陆在火星的耶泽罗陨石坑。它可以在火星表面进行巡视和采样。"毅力"号的任务是探测火星的地质、气候和生命迹象等方面的信息。阿联酋的火星探测器名为"希望"号，于 2020 年发射升空，于 2021 年成功进入火星轨道。"希望"号的任务是研究火星的大气层和气候变化等方面的信息。

"天问一号"是中国发射的火星探测器，于 2020 年 7 月 23 日发射升空，并于 2021 年 2 月 10 日成功进入火星轨道。"天问一号"的任务包括环绕、着陆和巡视三大目标，其中着陆器搭载了"祝融号"火星车进行火星表面巡视探测。"祝融号"火星车的着陆位置选在了火星北半球的乌托邦平原，这个地方地形简单，着陆成功率高，也更容易探测。此外，这个地方可能是过去火星上海洋和陆地的分界线，研究这里的地质结构可以帮助我们了解火星的陆地和海洋特征。"祝融号"火星车配备了常规的仪器，如照相机、风速计、温度计和红外线成像仪器等，还装备了一种新仪器——地形相机，可以拍摄

出更加清晰的地形图像。

截至 2023 年 7 月 20 日，"天问一号"已经成功实施了 3 次近火制动，进入了停泊轨道。停泊轨道的周期为两个火星日（49.2 小时），也就是说，探测器每两个火星日就可以对预定着陆区开展一次详细勘查。"天问一号"实现了我国航天发展史上的 6 个首次，包括实现地火转移轨道探测器发射、行星际飞行、地外行星软着陆、地外行星表面巡视探测、4 亿千米距离的测控通信和获取第一手的火星科学数据。

未来，人们还将继续向火星发射探测器，并计划将人类送上火星（图 6-9）。

图 6-9 人类想象中的火星未来基地

第二部分

太阳系

07／行星（下）

类木行星

木星和土星有多相似?

大小和质量

木星和土星都是太阳系中的巨型气态行星,它们之间有非常多的相似之处。它们的大小和质量都比地球大很多。其中,木星的质量为 $1.8981×10^{27}$ 千克,约为地球质量的318倍,而土星的质量为 $5.6832×10^{26}$ 千克,约为地球质量的95倍。在大小方面,木星的直径为 139 822 千米,大约是地球直径的11倍(图7-1),而土星的直径为 116 464 千米,大约是地球直径的 9 倍(图7-2),因此木星也比土星大一些。

虽然类木行星的大小和质量都很大,但是它们的密度都比较小,木星的密度约为 1.33 克 / 立方厘米,而土星的密度约为 0.69 克 / 立方厘米,比水的密度还小。由于它们主要由气体组成,因此其密度比地球小很多。

图7-1　木星（左）和地球（右）的大小对比

图7-2　土星（左）和地球（右）的大小对比

它们都围绕着太阳运动，轨道接近正圆。木星的轨道半长轴为5.2 个天文单位，公转周期为 11.862 年；土星的轨道半长轴为 9.6 个天文单位，公转周期为 29.457 年。

木星和土星的自转情况也很相似。具体来说，木星的自转周期约为 9 小时 56 分钟，而土星的自转周期约为 10 小时 39 分钟。它们俩的自转速度比地球要快得多。

组 成

木星和土星都是气态行星，它们的内部结构均由气体和液体组成，没有固体表面（图 7-3、7-4）。根据目前的研究成果，木星和土星的内部结构可以分为以下几层。

1. 气态外层：木星和土星的外层都是由氢气和少量的氦气组成的大气层，这一层的厚度约为数千千米。

2. 液态层：在气态外层下，是由液态氢和液态氦组成的层，这一层的厚度约为数万千米。

3. 金属氢层：在液态层下，是由高压下的氢原子形成的金属氢层，这一层的厚度约为数千千米。

4. 岩石核心：在金属氢层下，是由岩石和金属组成的固态核心，这一层的厚度约为数千千米。

木星和土星由表及里，温度越来越高，压强也越来越大。同样是氢与氦，会呈现出气体、液体、固体的变化。

核
金属氢
液氢
大气

木卫三

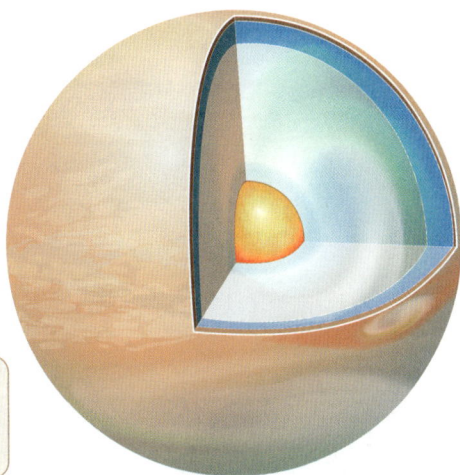

木星已知的卫星有 95 颗，
其中最大的一颗是木卫三
（平均直径可达 5 262 千米）。

图 7-3　木星内部结构

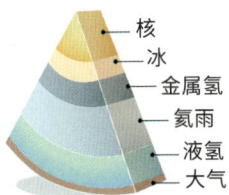

核
冰
金属氢
氦雨
液氢
大气

土星已知的卫星有 273 颗，
其中最大的一颗是土卫六
（直径可达 5 150 千米）。

图 7-4　土星内部结构

木卫一

木卫二

图 7-5　木星最大的四颗卫星

木卫三　　　　　　　　　　　　木卫四

卫　星

木星和土星都有自己的卫星，而且数量很多，远远超过类地行星的卫星数量。

截至目前，已知土星的卫星数量比木星的多一些。根据 2025 年 3 月最新的数据，木星系统中已知的卫星数量为 95 颗，土星系统中已知的卫星数量为 273 颗。这些卫星的大小和形态各不相同。

木星最大的卫星是木卫三，直径为 5 262 千米，是太阳系中最大的卫星（图 7-5）。而土星最大的卫星是土卫六，直径为 5 150 千米，也非常大。

此外，这些卫星的运动轨迹也各不相同。有的卫星围绕着行星旋转，有的则呈现出非常复杂的轨道运动，甚至有的还会与其他卫星发生碰撞。

其他相似之处

此外，木星和土星的磁极方向与地球相反，但磁轴与自转轴几乎重合，形成了独特的磁场结构。木星和土星都有辐射带，发出的能量也

图 7-6　土星光环的细节

比它们从太阳那里得到的大，这表明它们也像地球一样，有自己的内在能源。

🔍 木星和土星的差别

木星和土星也有一些差异，它们的区别主要有以下几点。

特点不同的"环"

土星环非常明显，而且呈现出美丽的条纹状（图 7-6）。而木星环不明显，只有在特定的光线下才能被看到。

土星环是由数十亿个冰块和颗粒组成的，这些冰块和颗粒大小不一，从几微米到几十米都有。这些冰块和颗粒主要由水冰和尘埃组成。虽然土星的光环总宽度超过了地球直径，但是其厚度只有几十米，是非常薄的。

土星环的结构也非常复杂，较大的光环是由许多狭窄的小环组成。受土星卫星的拉拽作用以及环内物质聚集的影响，光环之间形

成了许多缝隙和空隙。我们通过小型望远镜就可以观测到土星光环的美丽身姿。

木星虽然也有光环，但是看起来比土星环要暗弱很多。

表面特征

木星表面颜色斑斓诡谲，而土星表面颜色统一，是淡黄色的。

这主要是因为木星距离太阳比土星近，因此木星表面温度更高，气体更加活跃，形成了复杂的云带和风暴。土星距离太阳较远，表面温度较低，气体不太活跃，形成的云带和风暴相对较少。

木星表面最显著的特征是"大红斑"（图7-7），这是土星没有的特征。

图7-7　木星"大红斑"细节图

木星"大红斑"是木星南半球巨大的低压风暴，是太阳系中最著名的风暴之一。它的大小一直变小，现在的大小已经只有地球的一倍多一点了。按2023年的数据，大红斑的直径约为16 000千米。"大红斑"之所以能够形成和持续存在，主要是由于木星的快速自转及其独特的大气环流。

早在1665年，意大利天文学家乔瓦尼·卡西尼（Giovanni Cassini）就观测到"大红斑"的存在。时光荏苒，它的颜色和形状已经有所变化，但从来没有完全消失过。它的颜色主要是由其中的化学物质发生反应产生的。"大红斑"内部物质以"惊人"的速度旋转，风速可达320千米/时，且风暴边缘一直保持这样的风速，相比之下，风暴中心则相对平静，温度也低于外部狂躁的区域。

"大红斑"每6天按逆时针方向旋转一周，它经常卷起高达8千米的云塔。最近的观察表明，木星上的其他气旋斑块并不都像"大红斑"一样长寿，有些气旋斑块只存在几年就消失了。

为什么天文学家要研究木星的"大红斑"呢？因为研究它可以为我们研究其他行星大气层提供经验。同时，"大红斑"也是太阳系中最复杂的大气现象之一，研究它可以帮助我们更好地理解行星大气层的运动和其中的化学反应。

对木星和土星的探索

人类对木星和土星的探索历史可以追溯到20世纪70年代。1972年，美国航空航天局发射了"先驱者10号"探测器，它是人类制造的第一艘飞越木星的飞行器，于 1973 年传回第一张木星的照片。随后，"旅行者 1 号"和"旅行者 2 号"探测器于 1977 年发射，开始了对木星和土星的探索。"旅行者 1 号"在 1979 年达到了木星轨道附近，进行了首次近距离观测，并对包括"大红斑"在内的木星特点展开详细考察。

1989 年发射的"伽利略"号木星探测器成功传回大量数据和照片，它对木星的大气层、卫星以及磁场等进行了深入研究。"伽利略"号的任务持续了 22 个月，最终在燃料耗尽前选择坠毁在木星大气层中，以避免撞击可能拥有生命的木卫二。

随后，人类对木星和土星的探索进入了新的阶段。1997 年，美欧合作发射了"卡西尼"号探测器，它于 2004 年进入土星轨道，并对土星的星环、表面和大气等展开探寻。"卡西尼"号最终于 2017 年停止工作，坠毁在土星大气层中，其间的工作对土卫六的构造、云层以及土星的氧气流的研究作出了巨大贡献。2011 年，美国发射了"朱诺"号探测器，它于 2016 年进入了木星轨道，并对木星起源展开探寻。"朱诺"号围绕木星运转了 22 圈，取得了丰富的研究资料，产出不少成果，包括对"大红斑"进行了详细考察以及发现了多颗木星的卫星。

此外，2023 年欧洲航空局还发射了木星冰月探测器，2024 年美国航空航天局发射了木卫二探测器。这些探测器将进一步深入研究木星和土星的卫星，寻找可能存在的生命迹象。

远日行星

天王星和海王星有多相似？

天王星和海王星都属于远日行星中的气态行星，更具体地说，它们是冰态巨行星（下文简称冰巨行星）。此外，它们也属于类木行星，有以下相似之处。

大小和质量

天王星和海王星都比地球大，但比其他气态巨行星小。天王星和海王星的大小和质量比较接近，但有一些微小的差别。根据目前的研究，天王星的直径约为50 724千米，而海王星的直径约为49 244千米。虽然天王星比海王星略大一点，但是，天王星的质量比海王星轻，天王星的质量约为 $8.681×10^{25}$ 千克，而海王星的质量约为 $1.0247×10^{26}$ 千克。这意味着天王星的密度比海王星小。

天王星和海王星的直径大约是地球的4倍。

核
地幔
大气
高层大气

天卫三

截至 2024 年，天王星已知的卫星有 28 颗，其中最大的是天卫三（直径可达 1 578 千米）。

图 7-8　天王星内部结构

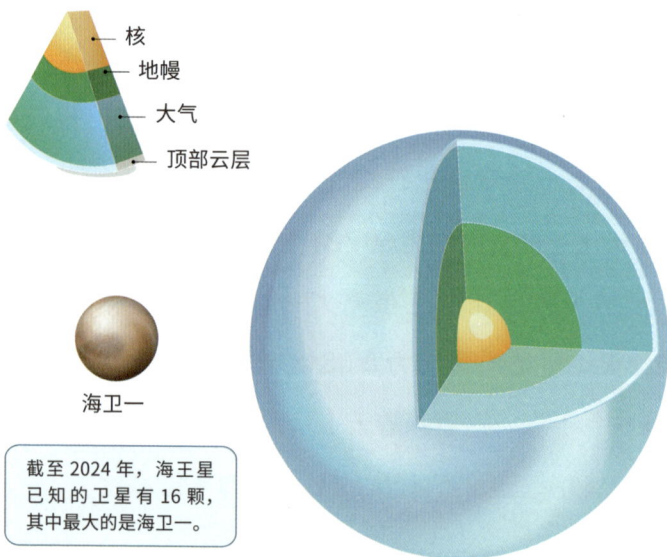

核
地幔
大气
顶部云层

海卫一

截至 2024 年，海王星已知的卫星有 16 颗，其中最大的是海卫一。

图 7-9　海王星内部结构

成分

我们之所以说天王星（图 7-8）和海王星（图 7-9）属于冰巨行星，是因为它们的表面温度很低，而且其组成的主要元素也不同于木星和土星。据研究，天王星和海王星主要由氢、氦、甲烷、氨和水等组成。其中，氢和氦是最主要的成分，但相比于其他气态巨行星，它们的氢和氦含量要小得多。而甲烷、氨和水等挥发性物质的比例较高，这些物质在天王星和海王星的表面温度下会形成冰。此外，天王星和海王星大气中除了氢（约占 84%）和氦（约占 14%），其余几乎全是甲烷。

总体来说，天王星和海王星的化学组成与其他气态巨行星有所不同，更加偏向于冰质成分。

卫星和环系

天王星和海王星都拥有卫星和环。

天王星已知的卫星数量为 28 颗，其中 5 颗较大，按照从近到远依次为：天卫一、天卫二、天卫三、天卫四、天卫五。其中，天卫三是天王星最大的卫星，直径约为 1 578 千米。天王星的环主要由冰和岩石组成，环的数量较多，共有 13 个条。天王星环比海王星环的密度大，因此看起来更加明显（图 7-10）。

海王星也拥有卫星和环，目前已知的卫星数量为 15 颗。其中，最大的卫星是海卫一，直径约为 2 500 千米。海王星的环共有 5 个条，环的密度比天王星的小，因此看起来不太明显（图 7-11）。

图 7-10　天王星

图 7-11　海王星（左）和地球（右）

天王星和海王星的颜色都是蓝绿色的，它们的颜色深浅略有不同。天王星是浅青色，而海王星则是更深的蓝色，这与它们的大气层构成有关。天王星和海王星的大气层中都含有甲烷，甲烷没有颜色，却是强力的红光"捕手"，能大量吸收波长较长的红、黄光，把蓝绿色的短光反射出去。甲烷浓度越高，反射光的颜色越蓝。阳光经过天王星和海王星大气反射后就主要是蓝色和绿色光，天王星和海王星也就呈现为蓝绿色了。而海王星的大气活动比天王星更活跃，可以形成更强的甲烷冰 / 雪雨，压缩了雾霾层（中气溶胶层）的厚度，使海王星更蓝。

天王星和海王星的差别

天王星和海王星的大小和质量略有差别，它们的卫星数量不同，温度也有差异。

天王星和海王星的自转轴倾斜角度差异较大。天王星的自转轴倾斜约为 98°，几乎接近"躺平"状态，这样的倾斜角度使它拥有显著的极昼和极夜现象。而海王星的自转轴倾斜约为 28°，与地球的倾斜角度较为接近。

天王星的发现

天王星在被发现之前曾多次被人们观测到，但通常被误认为是一颗恒星。最早的观测记录可以追溯到公元前 128 年，是由古希腊天文学家喜帕恰斯观测记录的，但喜帕恰斯可能把它当作一颗恒星了。最早准确记录其为行星的观测是在 1690 年，英国天文学家约翰·弗拉姆斯蒂德（Jhon Flamsteed）至少观测到了 6 次，但由于观测手段有限，将之误认为是金牛座的恒星，并将其编目为"金牛 34"。

英国天文学家威廉·赫歇尔在 1781 年使用望远镜观测到了天王星。当时，他注意到天王星的大小随着望远镜放大率的增加而增大，而恒星的大小不会因望远镜放大率增加而增大。起初他以为那是一颗彗星，但后来根据其运动规律判断它是一颗行星。他注意到天王星的位置在天空中有所变化，这表明它在绕太阳运动。他还观察到天王星的运动轨迹与其他行星的轨迹不同，这表明它的轨道可能更远离太阳。赫歇尔的发现引起了广泛的关注，这也使他成为当时最著名的天文学家之一。

威廉·赫歇尔在 1781 年 3 月 13 日宣布了这一发现，这是人类有史以来第一次扩大已知的太阳系边界，天王星也是人类用望远镜发现的第一颗行星。

天王星的名字来源于希腊神话，人们以希腊神话中第一代众神之神——天空之神乌拉诺斯（Uranus）为其命名，在西方命名规则中，天王星是唯一一个使用希腊神话中的神名命名的行星。

🔍 海王星的发现

海王星是通过数学计算而非直接观测来发现的。它是太阳系中唯一一颗通过数学计算预测发现的行星。

海王星的发现源于天王星的轨道异常。天王星的轨道异常是指它的轨道没有按照当时天文学家计算出来的轨道运行，这个问题在天王星被发现后就被天文学家意识到了。当时天文学家面临两个选择，一个是长期以来的理论模型存在错误，另一个是理论模型没错，天王星轨道外还有一颗行星尚未被发现。天文学家通过各种反推、假设、归纳、修正，最后靠纸和笔算出了海王星的存在。

海王星的发现可以追溯到 1846 年，当时法国天文学家勒维耶（Urbain Le Verrier）和英国天文学家亚当斯（John Couch Adams）分别独立预测了一颗新行星的存在，这颗行星的存在通过对天王星轨道的摄动进行计算得出。勒维耶和亚当斯的预测结果被德国柏林天文台的天文学家约翰·格弗里恩·伽勒（Johann Gottfried Galle）证实，并在 1846 年 9 月 23 日通过望远镜观测到了这颗行星，海王星的存在由此被证实。

海王星的名字源自罗马神话中的海神尼普顿（Neptune）。1859 年，中国学者李善兰翻译了一本名为《谈天》的天文学著作，将 Neptune 翻译为"海王星"，这个名称因此在我国得到了广泛使用。

太阳系

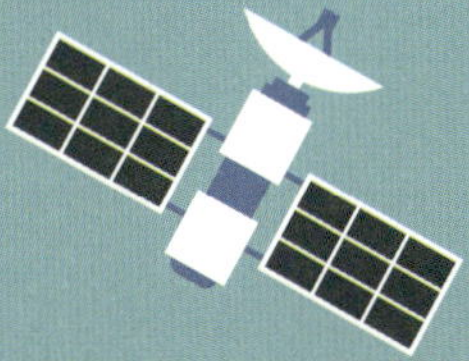

08 / 小行星和矮行星

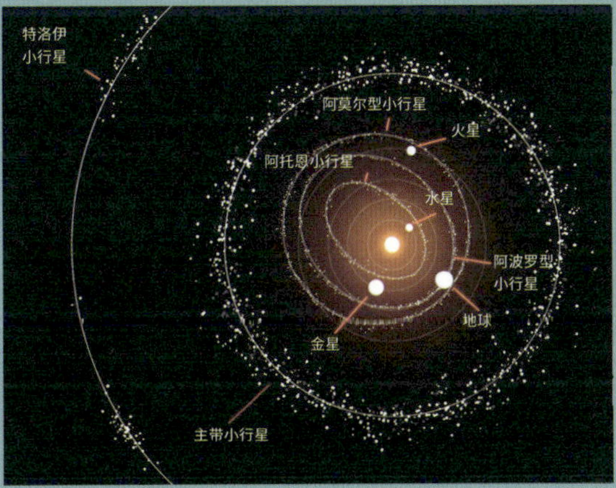

特洛伊
小行星

阿莫尔型小行星

阿托恩小行星

火星

水星

阿波罗型
小行星

地球

金星

主带小行星

小行星

太阳系除了太阳和大行星之外，还有大量的小天体存在。这一章我们先来介绍小行星和矮行星这两类天体。

小行星是指那些质量较小，但直接围绕太阳运动的天体，通常指主小行星带中的天体。主小行星带是一条位于火星和木星轨道之间的区域，里面有数以百万计的小行星（图 8-1）。此外，还有一些特殊的小行星族群，如阿波罗型小行星、半人马小行星、木星特洛伊小行星等。

小行星的发现

1766年，德国天文学家提丢斯首先提出一个经验关系；1772年，德国天文学家波得公开发表了他总结的公式：

$$a = \frac{n+4}{10}$$

$$n = 0，3，6，12，24，48……$$

公式中，第 n 颗行星与太阳的平均距离以天文单位表示，n 表示行星离太阳由近及远的次序，分别为 0、1、2、4、8、16、32、64、128（但水星 n=-∞ 为例外）（表 8-1）。这就是著名的提丢斯 - 波得定则（Titius-Bode law）。

表 8-1　行星与太阳的平均距离

行星	实际距离（天文单位）	估算距离（天文单位）	偏差（天文单位）
水星	0.38	0.40	0.02
金星	0.72	0.70	-0.02
地球	1.00	1.00	0
火星	1.50	1.60	0.10
未知	未知	2.80	未知
木星	5.20	5.20	0
土星	9.50	10.00	0.50
天王星	19.20	19.60	0.40
海王星	30.10	38.80	8.70

提丢斯–波得定则在被提出时实际上没有依据，只是推断。当时，天王星还没有被发现。后来天文学家根据观察天王星所得的数据进行计算，发现其竟然也符合提丢斯–波得定则计算出来的距离，当时的天文学家们对提丢斯–波得定则才更增加了几分信心。

在火星和木星之间，人们根据提丢斯–波得定则还估算出一颗距离太阳 2.8 天文单位的行星。

1801 年，意大利天文学家朱塞普·皮亚齐（Giuseppe Piazzi）在这个位置发现了第一颗小行星——谷神星。皮亚齐对其进行了数天的跟踪，直到它消失在太阳的光芒中。虽然几个月后，谷神星脱离了太阳眩光，应该可以被重新观测到，但是这要求应知道谷神星的轨迹。然而，因为皮亚齐的观测数据较少，当时的数学工具还无法根据这些数据准确计算或预测出谷神星的轨道。

根据提丢斯–波得定则的预言，这颗星很可能是一颗新的行星，整个科学界为之震动，预测谷神星何时将在哪个方位出现成为一个令人瞩目的问题，许多知名人士参与了预测，这其中就有后来赫赫有名的大数学家高斯（Gauss），根据皮亚齐发布的数据，高斯计算出了谷神星的轨道。1801 年 12 月 31 日，匈牙利天文学家弗朗兹·萨维尔·冯·扎克（Franz Xaver von Zach）果然在高斯预言的方位再次捕捉到了谷神星。高斯成为当时唯一准确预测了谷神星轨迹的人。

不过，后来越来越多的观测证据表明，谷神星算不上一颗行星。谷神星的直径是 950 千米，只有地球的 1/13，最小的行星——水星比谷神星还要大 4 倍。此后，随着望远镜技术的不断进步，越来越多的小行星被发现。

1810 年左右，英国物理学家约翰·赫歇尔（Jhon Herschel）提出了小行星的概念，顾名思义，就是"小号的行星"。这一称呼于1850 年被人们普遍接受。天文学家开始系统地搜索小行星。随着时间的推移，越来越多的小行星被发现。在 20 世纪初期，马克斯·沃

夫（Max Wolf）等天文学家使用摄影技术对小行星展开搜索。在 20 世纪中期，雷达技术的出现使得小行星的探测更加精确。

到了 21 世纪，随着人类探测技术的不断提高，小行星的发现数量也在不断增加。目前，人类已经发现了超过 100 万颗小行星，其中约 57% 已经被正式编号，可以说，至今，每天都有几十颗新的小行星被人们发现。

🔍 小行星的命名

小行星的命名由国际天文学联合会负责审定。当有人发现了一颗小行星时，首先需要追踪这颗小行星的运行轨迹，以确认该行星是前人没有发现过的目标。确认了这一点，并获得国际天文学界的认可之后，这位发现者就有权为这颗小行星命名。发现者首先要拟定一个名字，然后向小行星命名的专门委员会提交申请报告，解释自己为什么要给这颗小行星起这样的名字。如果提供的理由合乎情理，命名委员会的成员将会集体投票。如果所有的委员都投了赞成票，这个名字就获得通过。委员会每个月都会通报当月新命名的小行星。

在发现者提出命名申请之后，命名委员会通过之前，每颗被证实的小行星会先获得一个永久编号。获得永久编号的小行星意味着它的轨道已经被确认，它是一颗新被发现的小行星。在小行星的轨道被确认之前，它会获得一个临时编号。临时编号由三部分组成：

发现年份、发现月份与顺序。年份用完整的公历纪年表示，月份由英文字母表示，A 表示 1 月上半月，B 表示 1 月下半月，以此类推，但注意，不使用字母 I。月份后面跟数字，表示在该半个月之内发现的小行星的顺序号。例如，2005 年 1 月下旬发现的第二颗小行星的临时编号是 2005 B2。

我们再举个例子你就会更明白其中编码的规则了。例如，1977 年 10 月 12 日由我国南京紫金山天文台发现的一颗小行星临时编号 1977 TU3，轨道确认后获得永久编号 23408，并于 2008 年 8 月 19 日被国际小行星中心正式批准名为"北京奥运"，以纪念 2008 年 8 月 8 日至 8 月 24 日在北京举行的第 29 届奥林匹克运动会。

小行星命名有什么规范吗？通常是以神话、历史人物、地理位置、科学家、艺术家等为主题，也有一些以发现者或者捐赠者的名字来命名的。例如，小行星 433 号又叫"爱神星"，以古希腊神话的爱神厄洛斯（Eros）的名字命名；小行星 1001 号被命名为"高斯星"，以纪念德国的数学家、天文学家卡尔·高斯。

中国人命名的小行星有很多，其中一些是以中国科学家、文学家、艺术家等命名的。例如，紫金山天文台发现的国际编号为 204836 号小行星，被正式命名为"谢孝思星"，以表彰谢孝思在保护文化遗产方面的成就。另外，还有不少以中国古代科学家、文学家等的名字命名，例如：张衡、祖冲之、一行、郭守敬、沈括等。此外，截至 2021 年，中国的两弹一星功勋科学家中已有 11 位的名字被用来命名国际小行星，如周光召、彭桓武、陈芳允、钱学

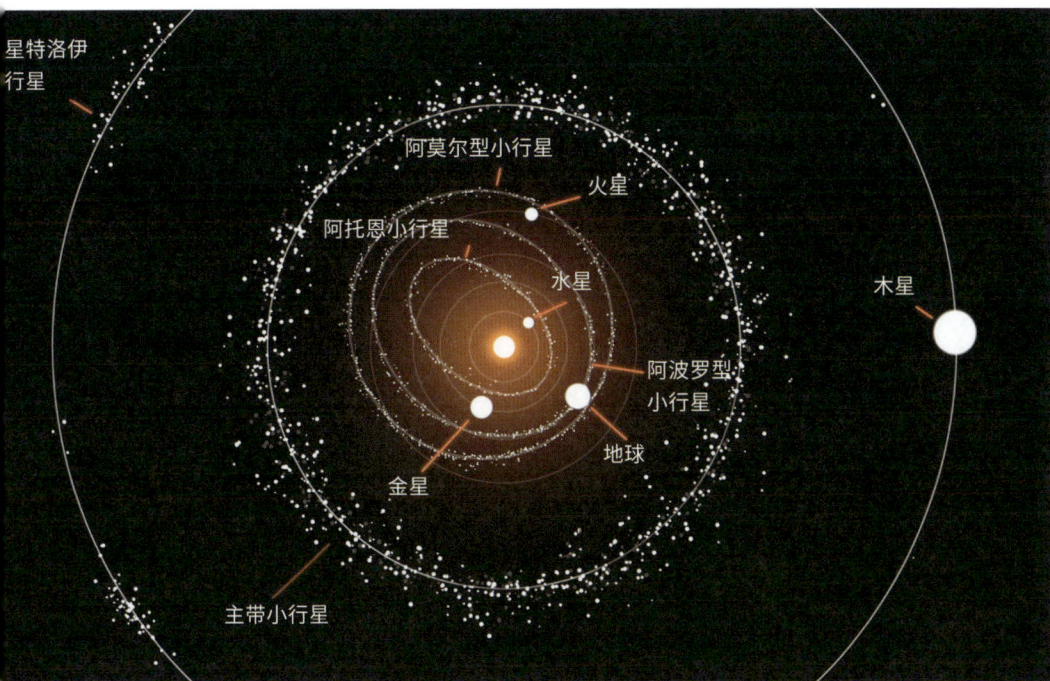

图 8-1 小行星主要分布区域

森、杨嘉墀、王淦昌、钱三强、朱光亚、赵九章、王大珩、孙家栋等。还有著名的作家刘慈欣、科学家屠呦呦的名字也被用来命名小行星。

🔍 小行星的分类

太阳系内的小行星，按照日心距大小和轨道特征，从内到外可以划分为近地小行星、主带小行星、木星特洛伊小行星、半人马小行星以及海外小行星和奥尔特云小行星（图 8-1）。

1. 近地小行星：运行轨道与地球轨道相近的小行星。

2. 主带小行星：位于火星和木星之间的小行星带内的小行星。据估计，主带小行星包含 110 万 ~190 万颗直径大于 1 千米的小行星，以及数百万颗较小的小行星。

3. 特洛伊小行星：与一颗更大的行星共享一个轨道，但不会与其相撞的小行星，因为它们聚集在轨道上的两个特殊位置，天文学家称之为拉格朗日点 L4 和 L5。在这两个特殊位置，来自太阳和行星的引力之和与特洛伊小行星的离心力平衡。木星特洛伊群是最重要的特洛伊小行星群。此外，还存在火星和海王星特洛伊小行星群。2011 年，人们又发现了一个地球特洛伊群。

4. 半人马小行星：位于木星和海王星之间的小行星，其轨道交叉于海王星轨道。

5. 海外小行星：位于海王星轨道之外的小行星。

6. 奥尔特云小行星：位于太阳系外围的天体云，奥尔特云的范围是 2 000AV ~200 000AU，即 0.03~3.2 光年。奥尔特云天体被认为是太阳系形成时残留下来的物质，其中包括彗核和其他冰质天体。科学家很难确认这部分小天体是彗星还是小行星。

小行星按照成分可以分为碳质小行星和石质小行星两大类。

1. 碳质小行星（C 型小行星）：这类小行星的表面主要由碳质物质组成，除了硅化物外，还含有较多的碳和硫化物。碳质小行星的反照率较低，看上去比较暗淡。在这类小行星中，科学家们还发现其表面物质含有水分。碳质小行星一般体积较大，轨道也离太阳稍远些。

2. 石质小行星（S 型小行星）：这类小行星的表面主要由硅质物质组成，含有较多的金属元素，如铁、镁、铝等。石质小行星的反照率较高，看上去比较明亮。一般来说，离太阳越近，石质小行星的比例越大。

值得注意的是，还有一类小行星被称为 M 型小行星，它们的化学成分介于碳质小行星和石质小行星之间，主要由金属和硅质物质组成。M 型小行星的反照率也介于碳质小行星和石质小行星之间，它们的亮度也介于中间。

矮行星

关于矮行星的定义，最初来源于科学家们对冥王星的争议。

当时，冥王星被认为是第九颗行星，但是随着科学技术的进步，人们开始发现冥王星的性质与其他行星有很大的不同。例如，冥王星的质量非常小，只有地球质量的 0.2%，而且它的轨道非常偏离其他行星的轨道。后来，在冥王星的轨道附近，天文学家还发现了与冥王星有着相似质量和大小的阋神星。如果冥王星属于行星，那就意味着与冥王星相似的那些天体也都要被归于行星，行星的数量将大大增加。

因此，在 2006 年，国际天文学联合会重新讨论了行星的定义。一个天体必须满足以下 3 个条件才能被定义为行星。

1. 必须直接围绕太阳公转；
2. 在自身重力作用下保持近于球体的形状（具有足够大的质量）；
3. 轨道上或轨道附近不能有除卫星、小行星以外的其他天体。

如果不满足第一个条件，这种天体被定义为卫星；如果满足第一个条件但不满足第二个条件，这种天体被定义为小行星或彗星；如果满足前两个条件但不满足第三个条件，那么这种天体就被定义为矮行星。

因此，冥王星只能被定义为矮行星，不再属于行星。

冥王星的发现过程很有趣。19 世纪末和 20 世纪初，天文学家们发现海王星的运动轨迹与根据牛顿力学预测的结果不一致，总是有偏差。这时，科学家们便推测在海王星之外应该还有一颗行星，这颗行星影响了海王星的运行轨迹。

于是，天文学家开始寻找这颗假设中的行星。在 20 世纪初期，美国天文学家克莱德·汤博（Clyde Tombaugh）开始在天空中搜寻这颗行星。他使用了一种叫作"比较法"的方法，通过比较两张宇宙的照片来寻找任何在两张照片中位置不同的天体。这需要极大的耐心和极致的细心。

1929 年，汤博开始使用一种新的方法，他使用了一台名为"布林克利反射镜"的特殊望远镜。这种望远镜可以反射光线，使得天体更容易被观察到。在 1930 年 2 月 18 日，汤博终于在一张照片上发现了一颗新的天体，它距离海王星很远，但是它的运动轨迹与科学家们预测的假设行星的轨迹非常相似。但汤博并没有为这颗行星命名。实际上，冥王星的名字由一位 11 岁的英国女孩柏妮（Venetia Burney）提出。

柏妮的祖父在牛津大学图书馆工作，他看到新闻报道说这颗新发现的行星还没有被命名，于是他就让柏妮也想想看。柏妮恰好对罗马神话很熟悉，就说了冥界之神普鲁托（Pluto）这个名字。最终，这个名字被美国罗威尔天文台全票通过并最终被确认，冥王星就此得名。

冥王星的名字来源于罗马神话中的冥王，他是地下世界的主宰，也被称为冥界之神。柏妮之所以选择这个名字，是因为她认为冥王星距离太阳很远，所以应该是一个黑暗的世界，就像地狱一样。

值得一提的是，冥王星的名字与迪士尼的著名动画形象——小狗布鲁托（Pluto）重名，这也让很多孩子对冥王星产生了浓厚的兴趣。

"新地平线"号（又译"新视野"号）是美国宇航局为了探索冥王星和柯伊伯带小天体发射的一颗探测器。2015 年 7 月 14 日，"新地平线"号从冥王星上空 12 500 千米处飞过，成为第一颗成功探索冥王星的探测器。"新地平线"号的任务是对冥王星和柯伊伯带进行探测，获取更多的科学数据和图像。在探测过程中，"新地平线"号拍摄了许多冥王星的照片，其中包括那张著名的冥王星心形地貌的照片。此外，"新地平线"号还发现了冥王星上的巨大冰火山，最高达到 7 千米。

"新地平线"号的探测任务是太空探索领域的大热门，因为它的探测数据对于人类了解太阳系和宇宙的形成和演化具有重要意义。通过"新地平线"号的探测，科学家们对冥王星的认识得到了极大扩展，也为人类探索太空提供了更多的可能性。

矮行星是太阳系中的一种天体，具有行星级别的质量，但并不符合行星的所有定义。国际天文学联合会定义了矮行星的 4 个条件：首先，它必须围绕太阳运行；其次，它的质量足够大，使得它的形状近似于一个球体；再次，它没有清空其轨道上的其他天体；最后，它不能是任何行星的卫星。简单来说，矮行星是太阳系中质量较大、形状近似于球体但未能清空其轨道上其他天体的天体。

矮行星的发现和命名与小行星类似，发现者有权给它们命名。目前，被国际天文学联合会承认的矮行星有 5 颗，分别是谷神星、冥王星、妊神星、鸟神星和阋神星。其中，冥王星曾经被认为是行星，但在 2006 年被重新定义为矮行星。

第二部分

太阳系

09 / 流星和彗星

流 星

流星和流星雨是完全不同的两类现象（表 9-1）。

流星是指天体进入地球大气层后，由于与空气摩擦产生高温并发生电子跃迁现象，从而在夜空中形成一条光迹。

流星雨是指在一段时间内，大量流星从同一方向进入地球大气层形成的一种天文现象。流星雨通常由彗星或小行星的碎片组成，这些碎片在太阳系中绕着太阳运行，当地球经过它们的轨道时，这些碎片就会进入地球大气层，形成流星雨。

表 9-1　流星和流星雨的区别

	流星	流星雨
来源	物质来自小行星	大部分是彗星碎片，个别是小行星留下的碎片
结果	可能剩下陨石	不剩
数量	单颗	成群
时间	偶发	每年固定一段时间
方向	随机	每次固定辐射点

流星和陨石

上文已讲过流星的概念，简单来说，流星是在地球大气层中燃烧的小型天体（图9-1）。一般的流星只有几毫米到几厘米大小，它运动速度非常快，可以达到每秒数十千米。

有些质地坚硬或体积偏大的流星，燃烧不完全，或者只是表面被烧毁，内部仍然保持完整，最终没有被烧毁的部分会落到地面上，这就是陨石。陨石大小不等。我们在地球上可以找到很多陨石坑和陨石残骸。

地球上有哪些著名的陨石坑呢？

1. 巴林杰陨石坑（图9-2）

位置：美国亚利桑那州　　　直径：约1.24千米

深度：约170米　　　　　　年龄：约2万年

2. 希克苏鲁伯陨石坑

位置：墨西哥尤卡坦州　　　直径：约180千米

深度：约20千米　　　　　　年龄：约6600万年

3. 萨德伯里陨石坑

位置：加拿大安大略省　　　直径：30~60千米

深度：约15千米　　　　　　年龄：约18.49亿年

4. 珀匹盖陨石坑

位置：俄罗斯西伯利亚联邦管区　直径：约100千米

深度：约3.5千米　　　　　　年龄：约3500万年

图 9-1 流星

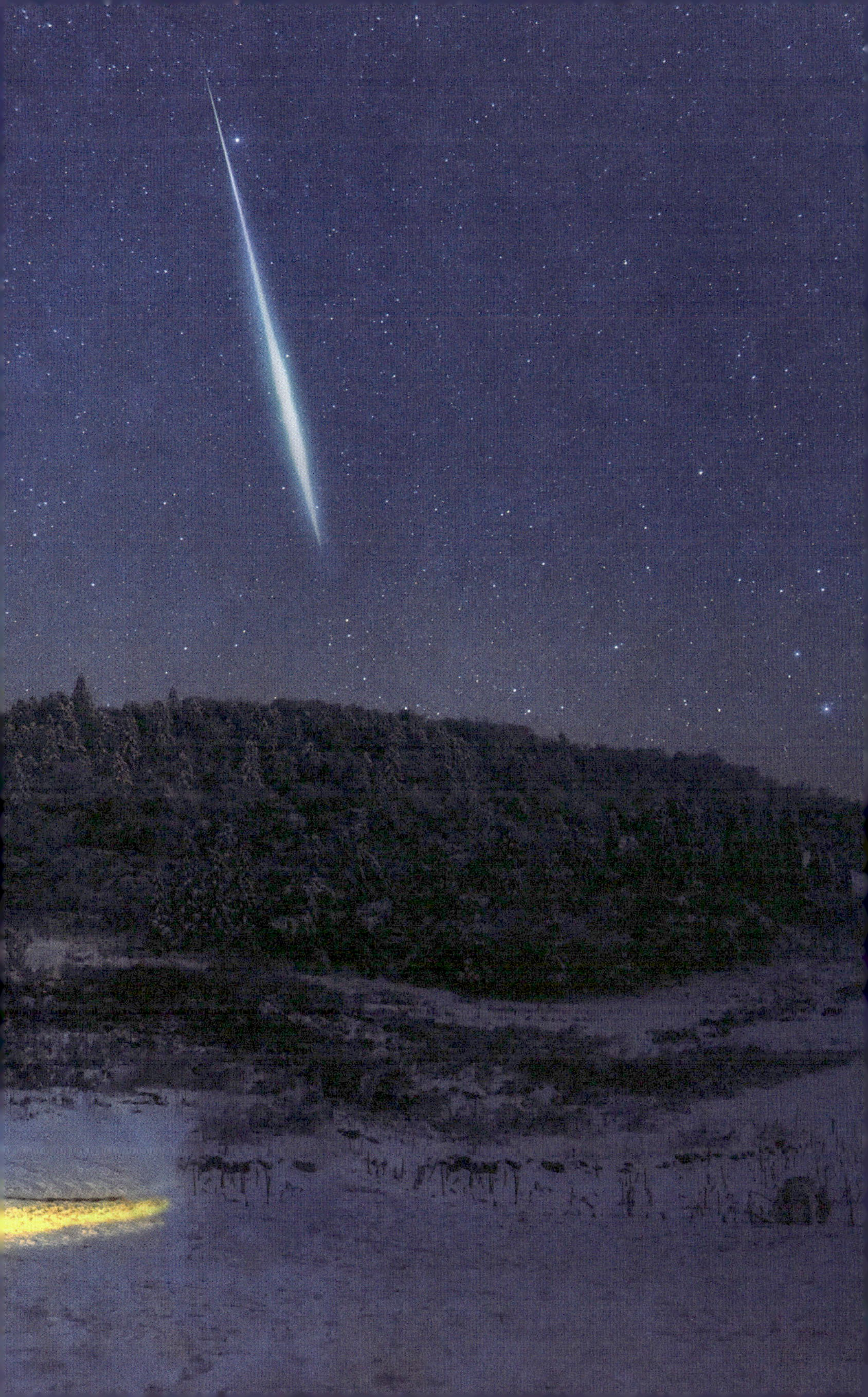

图 9-2　巴林杰陨石坑

5. 伍德利陨石坑

位置：澳大利亚西部　　　　直径：60~120 千米

深度：约 2 千米　　　　　　年龄：约 36 400 万年

我国也有陨石坑——岫岩陨石坑，位于中国辽宁省岫岩满族自治县，直径约 1.8 千米，是我国境内第一个被证实的陨石坑。

🔍 流星雨的成因

由彗星或小行星在其运动轨道上留下的尘埃云与地球相遇时，

这些尘埃云中的微小颗粒进入地球大气层并与大气层中的气体产生相互作用。这些微小颗粒在进入大气层时的速度非常快，一般在每秒数十千米的速度范围内，因此它们与大气层中的大气的相互作用会产生强烈的热量，从而发生燃烧或蒸发，瞬间变成一道道亮丽的光芒，即流星雨。

或者，我们也可以把彗星和个别小行星想象成满载着沙土的卡车。当它们在自己的轨道上飞驰的时候，受到太阳和周围其他天体的影响，可能会在沿途遗留部分物质。地球轨道可能与一部分彗星轨道交叉，每当地球穿过彗星轨道的时候，彗星遗留在轨道上的物质进入地球，产生流星雨，就像我们踩过卡车开过的路面，脚上沾染了卡车撒在路上的沙土。

由于地球每年绕太阳公转一圈，所以每年我们都有机会遇到一次相同的流星雨。每年遇到流星雨的时候，地球穿过彗星轨道的角度不变，所以我们看到的流星产生的位置不变。这个位置就是流星雨的辐射点。

流星雨的辐射点是指流星雨中流星的轨迹看起来似乎都是从同一个点向外辐射出去，这个点就是辐射点。辐射点的位置与流星雨的名称有关，例如英仙座流星雨的辐射点位于英仙座内。实际上，进入地球大气层的微粒基本上是平行运动的，但在我们看起来，好像它们都自辐射点向四面八方散射。这就像当我们开车进入隧道的时候，会感觉隧道两侧平行的路面是从远方一个点辐射出来的一样。

表 9-2　常见流星雨信息表

流星雨	最大值时间	ZHR 值	产生天体
象限仪座流星雨	1 月 4 日	120	C/1490Y1 彗星
牧夫座流星雨	6 月 27 日	不定	庞士 - 温尼克彗星
天琴座流星雨	4 月 22 日	10	撒切尔彗星
英仙座流星雨	8 月 12 ～ 13 日	100	斯威夫特 - 塔特尔彗星
天龙座流星雨	10 月 8 日	不定	贾可比尼 - 秦诺彗星
猎户座流星雨	10 月 20 日	25	哈雷彗星
狮子座流星雨	11 月 17 日	10/1 000	坦普尔 - 塔特尔彗星
双子座流星雨（图 9-4）	12 月 13 日	120	小行星 3200

图 9-3　英仙座流星雨

图 9-4　双子座流星雨

🔍 观测流星雨的方式

观测流星雨的方式有多种，以下是一些常见的观测方式。

1. **肉眼观测**：肉眼观测是观测流星雨最简单、最直接的方式。只需要找到一个视野开阔、没有灯光污染的地方，躺在地上仰望天空即可。可以选择一个明亮的星或星座为参照，以其为中心观察流星的出现情况。

2. 使用摄像机或相机拍摄：使用摄像机或相机可以记录下流星的轨迹和数量。观测时需要设置合适的曝光时间和快门速度，等待流星的出现。

3. 组成观测小组：组成观测小组可以让观测者分担观测范围，提高观测效率。每个人负责观测天空的一部分方位，这样就可以对天空大范围内的流星进行观测了。

需要注意的是，观测流星雨时需要选择一个安全的地点。此外，观测时需要注意保暖和防蚊虫叮咬。

流星雨的天顶小时率（Zenithal Hourly Rate，ZHR）是描述流星雨活动性的一种重要指标。它指在最佳观测条件下，每小时可以看到的流星数量。具体来说，ZHR值是在流星雨的极大时刻，当辐射点位于天顶时，一个观测者在理想条件下（即没有云层遮挡、月光干扰，并在最黑暗的自然环境中目视极限星等可达6.5等）每小时可以看到的流星数量。ZHR值是一个相对指标，不同流星雨ZHR值不同。在现代流星雨预报中使用ZHR来描述可能的流星数量。

需要注意的是，实际上我们看到的流星数量往往比ZHR值低，因为观测条件往往无法达到理想状态。例如，云层、月光等因素都会影响观测效果。此外，不同的观测者所看到的流星数量也可能存在差异，因为观测者所处的位置、观测时间等因素也会影响观测效果。

按照英仙座流星雨计算（图9-3），在8月13日晚10点的华北地区观测，如果天空有20%的部分被云层覆盖，夜晚亮度一般，能看到4等左右的恒星，这样的条件下平均每小时只能看到5颗英仙座流星。如果观测条件进一步下降，比如在城市中心区，这个时候每小时只能看到1颗流星。

所以，ZHR值只具有参考性，完全不能等同于实际观测的情况。只有在理想情况下，ZHR值为100，我们能每小时看到约100颗流星。

彗　星

彗星是一种小质量的天体，沿着细长的轨道绕太阳运行，并且通常在后面拖着一条长长的尾巴，即彗尾。彗星的核心部分叫彗核，构成彗核的主要物质是固态水，也就是冰。当彗星接近太阳时，彗星物质升华，在冰核周围形成朦胧的彗发和由稀薄物质流构成的彗尾。彗星的质量、密度很小，当远离太阳时只是一个由水、氨、甲烷等冻结的冰块和夹杂许多固体尘埃粒子的"脏雪球"。当接近太阳时，彗星在太阳辐射作用下分解成彗头和彗尾，状如扫帚（图 9-5）。

彗星可以根据周期性分为周期彗星和非周期彗星两类。周期彗星是沿着椭圆形轨道运动的彗星，它们有明确的周期性，循着轨道周期性回到太阳附近，只有在这时，它们才显得亮，我们在地球上才容易发现它。周期彗星以 200 年为界，分为长周期和短周期。哈雷彗星是短周期彗星的代表，它的周期是 76 年。而非周期彗星则是沿着抛物线和双曲线轨道运动的彗星，它们没有明确的周期性，可能沿着双曲线和抛物线从遥远的太阳系深处来，在太阳附近转一圈后，又不知去往何方了。

此外，彗星还可以根据其轨道远日点靠近哪一颗行星进行分类，这些彗星被称为"彗星家族"。目前已知的彗星家族有木星族、土星族、天王星族、海王星族、冥王星族以及冥外彗星族。彗星家族中的彗星通常具有相似的轨道根数和化学成分，这些相似之处可能是由于它们来自同一个母体天体，或者在某个时期受到了相似的外部影响。

彗星的形成位置目前还存在争议，但有一些理论认为，彗星可能是在太阳系形成之前的星云中形成的。在星云中，气体和尘埃云会逐渐聚集，形成更大的天体，这些天体可能会进一步聚合形成彗星。此外，彗星也可能是在太阳系内部形成的，比如在太阳系内部的某个区域，由于重力作用和碰撞等因素，一些天体可能会聚集形成彗星。彗星也可能是由于某些天体的撞击或者其他因素而被抛出太阳系外，后来又重新进入太阳系内部。

目前认为短周期彗星来自柯伊伯带和半人马天体，也就是海王星外富含小天体的区域，而长周期彗星产生于奥尔特云，也就是太阳系外围的星云。

历史上有很多著名的大彗星，其中最著名的是哈雷彗星。哈雷彗星是以英国天文学家哈雷（Edmond Halley）的名字命名的，它的回归周期约为 76 年。我国最早记录了哈雷彗星的出现。《春秋·文公十四年》记载："秋七月，有星孛入于北斗。"此处文公十四年即公元前 613 年，这是过去中外学者所公认的世界上最早的哈雷彗星的记载。哈雷彗星上一次回归是在 1986 年，而下一次回归将在 2061 年。

图 9-5　通过相机观测到的洛夫乔伊彗星

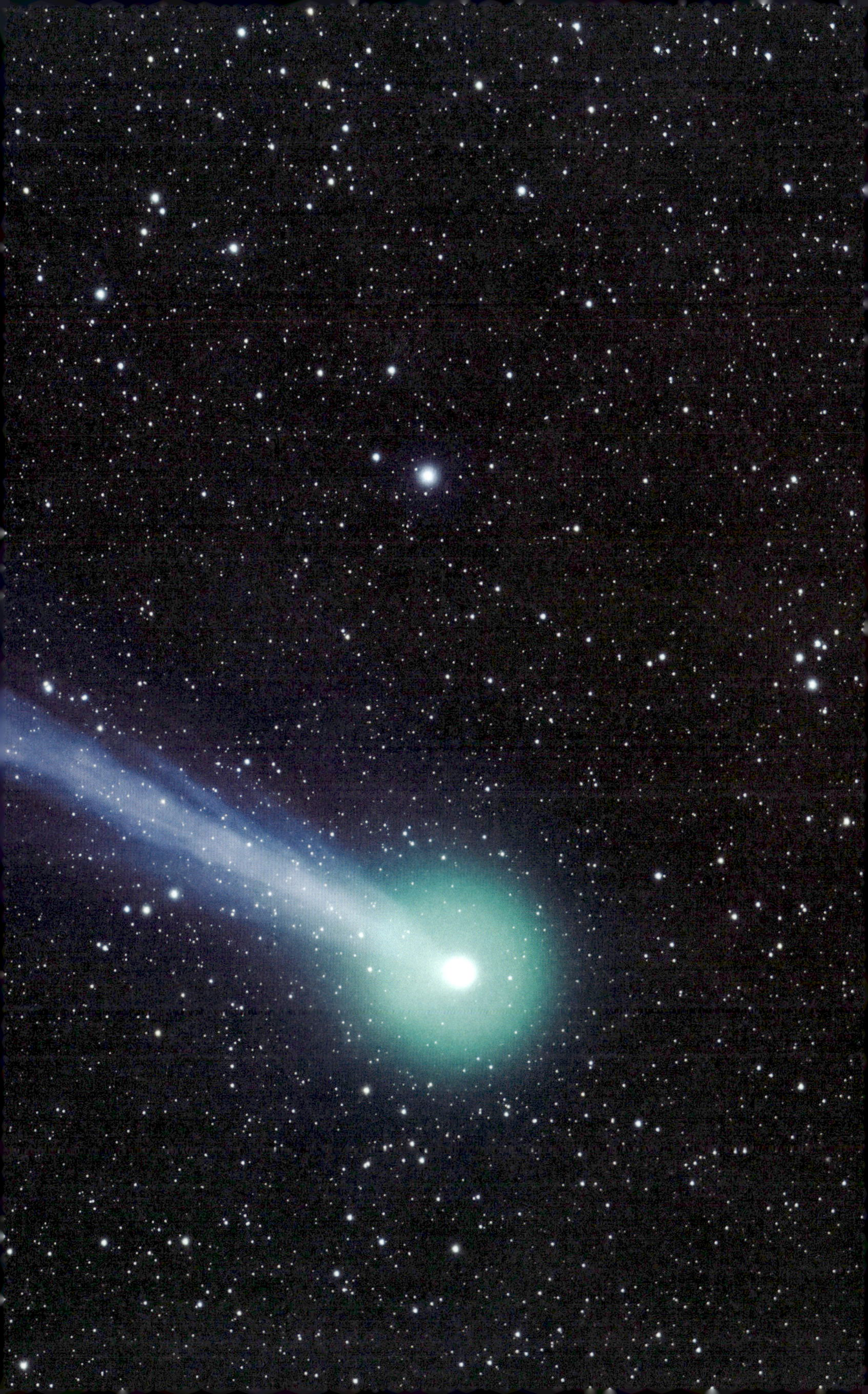

除了哈雷彗星之外，还有一些其他著名的彗星，比如麦克诺特彗星、楚留莫夫–格拉希门克彗星、新智彗星、海尔–波普彗星（图9-6）等。麦克诺特彗星是在 2006 年被发现的，它的亮度稳定上升，到 11 月份时已经达到了 9.8 等的亮度。楚留莫夫–格拉希门克彗星则因为人类向它发射了一颗探测器，并成功地在彗星上着陆而变得著名。

图9-6 海尔－波普彗星

第三部分

星 空

10 / 周年运动和
四季星空、星座

地球上的四季交替

我们在第 2 章讲过地球的运动包括自转和公转。地球的自转产生了太阳和星空的周日运动。周日运动的表现是太阳和星空一起东升西落。地球的公转也会产生一些明显的现象，比如地球上的四季交替和在天文学领域中的太阳与星空的周年运动。

我们在第 2 章中也介绍过，地球的自转轴与公转轨道面之间有一个 23.5° 的夹角，这导致地球不同位置相对于太阳的角度不同，从而产生四季变化（图 10-1）。

具体来说，当地球公转到太阳直射地球北回归线时，就是北半球的夏至日，这是北半球白天最长、黑夜最短的一天。当地球公转到阳光直射地球的南回归线时，就是北半球的冬至日，这时，北半球白天最短，黑夜最长。

我们平时所说的春分和秋分是指太阳直射赤道的时候。春分后太阳直射赤道后继续向北回归线移动，北半球开始变暖；秋分后，太阳直射赤道后开始向南回归线移动，北半球开始变冷。

在天文学领域，地球公转产生的一个更重要的现象是太阳与星空的周年运动。

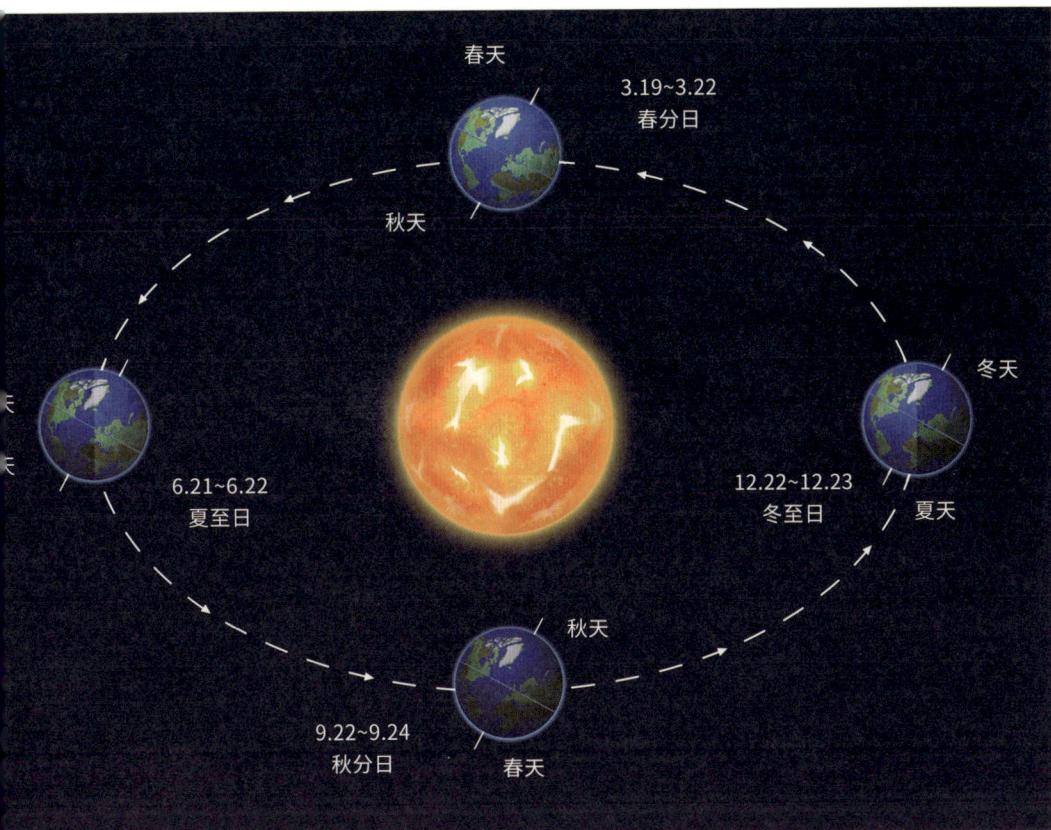

春天

3.19~3.22
春分日

秋天

冬天

6.21~6.22
夏至日

12.22~12.23
冬至日

夏天

秋天

9.22~9.24
秋分日

春天

图 10-1　地球的四季交替

太阳的周年运动

此外，太阳的周年运动还会对我们看到的星空产生重大影响。

我们知道恒星距离地球非常遥远，无论地球怎样运动，对恒星天空几乎都没有任何影响，所以我们通常会把恒星天空想象成一个静止在宇宙太空中的一个大球——天球，以此来帮助人们理解恒星天空的运动。假设恒星天球静止不动，天球中央是微小的地球在绕着太阳旋转，由于运动的相对性，站在地球上的我们就会看到恒星天空在运动了。

地球有两种运动，相应地，恒星天空也有两种运动。

一种是周日视运动。它是由地球自转引起，导致我们从地球上看去，恒星天空每天围绕地球旋转一周。如果你注意观察星空，就会发现星星在每天也会东升西落。假如你在晚上 8 点钟在某一个方位看到一颗恒星，那么第二天晚上它还会在那里出现，不过时间不是 8 点钟，而是会提前约 4 分钟。实际上，恒星运动到相同位置，需要的时间是 23 小时 56 分 4 秒，这才是地球真正的自转周期，称为一个恒星日。

另一种是周年视运动。它是由地球的公转引起。想象一下我们刚才说到的天球，地球绕着太阳转动，地球上的我们向着与太阳相反方向的夜空去看，会看到什么？就像一个旋转木马绕着中轴旋转，当我们坐在木马上向外看时，我们会看到周围的景象像卷轴一样在我们眼前不断展开。同样地，地球上的我们，也会看到星空画卷随着地球的公转在我们眼前不断变化，而这幅画卷会在一年后自动重播。这种现象就被称为星空的周年视运动。我们看到的画卷就是我们常说的"四季星空"。

　　春天的夜晚，星空的主角是巨蟹、狮子、室女等星座；夏天，舞台的中央是天秤、天蝎和人马等星座；到了秋天，摩羯、宝瓶和双鱼等星座迎来闪耀时刻；冬天的主角则是白羊、金牛和双子等星座。这就是我们的四季星座漫游了。

北极星和北斗七星

北极星

在地球自转和公转，也就是形成周日运动和周年运动的过程中，天空中有一颗恒星的位置几乎保持不变，它就是北极星。

北极星的位置之所以几乎不变，是因为它位于地球自转轴的北端。地球自转轴指地球自转的轴线，它的两个端点分别是南极点和北极点。

但如果考虑到地球自转轴的进动现象，北天极的位置也会发生极大的变化，周期约为 2.6 万年。现在小熊座α只是暂时充当北极星的角色。

我们说北极星"几乎"不动，是因为北极星的位置和地球自转轴也就是北天极的位置有微小的偏差，所以在望远镜里可以观察到北极星也在围绕北天极转动，只是它的运动幅度非常小。

由于北极星几乎和北天极的位置重合，因此，在北半球的夜空中，北极星始终处于正北方的天空中，它是很好的"方向指示器"。找到了北极星，就找到了北方。

例如，在图 10-2 中，当我们的摄像机长时间曝光拍摄北半球的

图 10-2 以北极星为圆心的星轨图

夜空时，一般恒星的运动轨迹都会拉成弧线，慢慢形成一个"圆"，而同心圆中心的亮星就是北极星。北极星几乎不移动。

🔍 小熊座

北极星属于小熊座，也叫小熊座 α。在星座图形上，它正处于小熊的尾巴尖端。中国古代称它为"勾陈一"。

小熊座是一个北天星座，位于北天极附近（图 10-3）。它是一个比较小的星座，包含了 7 颗主要的恒星。其中最著名的就是北极星。除了北极星，小熊座中还有一些比较亮的星星，如小熊座 β、小熊座

图 10-3 小熊座，其中右下角最大的亮星是北极星

γ 等。对生活在北半球中高纬度地区的人们来说，他们全年都比较容易观测到小熊座，因为在北方的天空中，可以常常看到小熊座星群。

有关小熊座的传说和故事有很多，其中最著名的是希腊神话中的故事。在这个故事中，小熊座原本是一个叫阿卡斯的男孩子，他的母亲叫卡利斯托，他的父亲是宙斯。卡利斯托被宙斯的妻子赫拉变成一只大母熊，在悲哀和痛苦中度过了 15 个年头。她的儿子阿卡斯慢慢长大，成为一名英俊出色的猎手。一天，母亲卡利斯托在森林中遇到正在打猎的阿卡斯，但她忘记了自己已经是熊身，于是伸开双臂准备拥抱自己的孩子。而阿卡斯并不知道这只大熊是自己的

母亲，急忙举起手中的长矛准备投掷。这时，宙斯在天上看见了，他便用法术把阿卡斯变成了一只小熊，并将母子俩都带到天上，这就是大熊座和小熊座（图 10-4）。

🔍 大熊座

既然小熊座中的北极星这么重要，那要怎么才能找到它的位置呢？通常我们会利用大熊座来帮助定位。

要利用北斗星找到北极星，首先需要找到北斗七星（表 10-1）。北斗七星属于大熊座，由 7 颗亮星组成，通常被用来指示北方方向。在北半球的夜空中，很容易找到北斗七星。一旦我们找到北斗七星，可以通过连接北斗七星中勺口外侧的两颗星，然后向勺口所指的方向延伸 5 倍的距离定位到一颗亮星，那颗星就是北极星（图 10-5）。

北斗七星的形状很容易辨认，是我们在夜空中最容易找到的目标。

表 10-1　北斗七星的详解

名称	中文名	星等	备注
大熊座 α	天枢（北斗一）	1.81 等	大熊座第二亮星
大熊座 β	天璇（北斗二）	2.34 等	大熊座第五亮星
大熊座 γ	天玑（北斗三）	2.41 等	大熊座第六亮星
大熊座 δ	天权（北斗四）	3.32 等	大熊座第十一亮星
大熊座 ε	玉衡（北斗五）	1.76 等	大熊座最亮星
大熊座 ζ	开阳（北斗六）	2.23 等	大熊座第四亮星
大熊座 η	摇光（北斗七）	1.85 等	大熊座第三亮星

图 10-4 大熊座和小熊座的相对位置（北半球，秋天）

图 10-5 通过大熊座中的北斗七星，就可以找到小熊座中的北极星

在北斗七星（图 10-6）中，最暗的是北斗四。如果我们在夜空比较亮的城市中仅凭肉眼观星，便有可能看不到它，只能看到"北斗六星"。

图 10-6　夜空中的北斗七星

全天星座

全天星座是指我们能在天空中观测到的所有星座。目前国际通用的星座数量为 88 个，其中北天星座 28 个、黄道星座 13 个、南天星座 47 个（图 10-7）。其中，北天星座、南天星座的划分各有两种方法，这里提到的只是其中一种。这些星座由国际天文学联合会在 1928 年正式公布。在这 88 个星座中，可见恒星最多的星座是半人马座。面积最大的星座是长蛇座，为 1 302.844 平方度，占全天面积的 3.158%。

北天 28 座

大熊座、小熊座、仙女座、仙后座、天鹅座、天琴座、天鹰座、天箭座、猎犬座、牧夫座、英仙座、后发座、北冕座、鹿豹座、天猫座、小狮座、仙王座、天龙座、武仙座、蝎虎座、御夫座、巨蛇座、盾牌座、狐狸座、海豚座、小马座、飞马座、三角座。

南天 47 座

鲸鱼座、麒麟座、小犬座、长蛇座、乌鸦座、豺狼座、天鹤

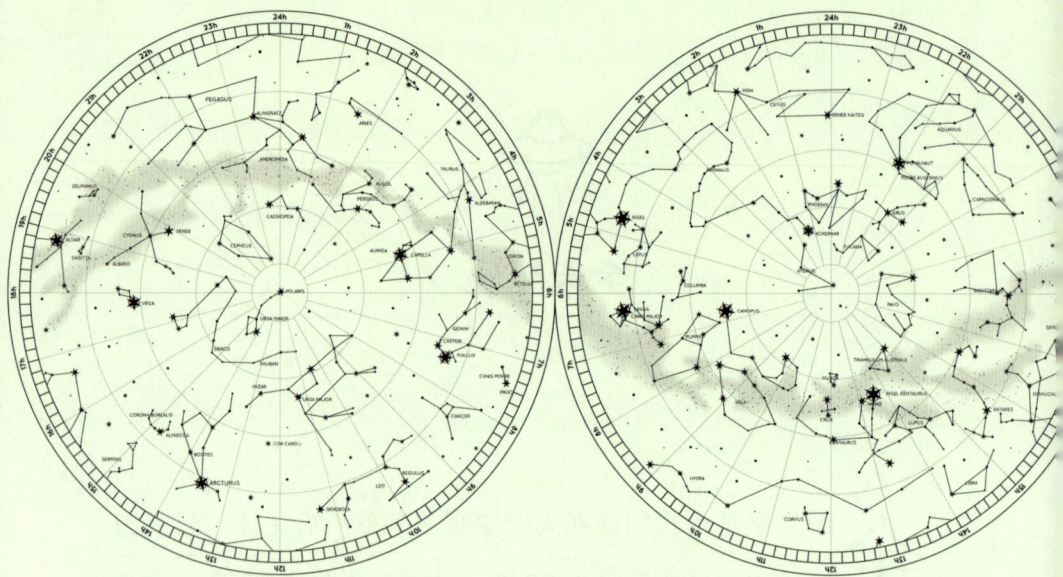

图 10-7 南半天球（左）、北半天球（右）的全天星图

座、凤凰座、孔雀座、南鱼座、天鸽座、天兔座、大犬座、半人马座、杜鹃座、剑鱼座、飞鱼座、苍蝇座、天燕座、水蛇座、蝘蜓座、波江座、猎户座、六分仪座、巨爵座、南冕座、天坛座、显微镜座、望远镜座、印第安座、时钟座、绘架座、船帆座、南十字座、圆规座、南三角座、玉夫座、天炉座、雕具座、船尾座、罗盘座、唧筒座、矩尺座、网罟座、船底座、南极座、山案座。

黄道 13 座

白羊座、金牛座、双子座、巨蟹座、狮子座、室女座、天秤座、天蝎座、人马座、蛇夫座、摩羯座、宝瓶座、双鱼座。

在 88 个全天星座中，有 13 个星座拥有最古老的传说，黄道经过这 13 个星座。这些星座被称为黄道星座（表 10-2）。

表 10-2　黄道 13 星座表

星座正名	星座符号	太阳位于星座的日期[①]
双鱼座	♓	3.12~4.18
白羊座	♈	4.19~5.13
金牛座	♉	5.14~6.20
双子座	♊	6.21~7.19
巨蟹座	♋	7.20~8.10
狮子座	♌	8.11~9.15
室女座	♍	9.16~10.30
天秤座	♎	10.31~11.22
天蝎座	♏	11.23~11.29
蛇夫座	⛎	11.30~12.17
人马座	♐	12.18~1.18
摩羯座	♑	1.19~2.15
宝瓶座	♒	2.16~3.11

黄道 13 星座与流行的占星文化中的 12 星座名称、顺序有所不同。

[①] 表格中的日期仅作参考。查询的年份不同，地方时不同，日期会略有差别。

第三部分

星 空

11 / 春季星空

春季大三角

春季星空是指每年 3~5 月上半夜的星空景象。每年春节之后，大地回春，星空也开始变得不同。

春季星空最显著的特征是"春季大三角"，它由牧夫座的大角星、室女座的角宿一和狮子座的五帝座一这 3 颗亮星组成，组成三角形状。此外，在北半球的傍晚观看星空的时候，北斗七星的斗柄指向东方。

寻星之旅

我们应如何欣赏和寻找春季星空中的重要星座和亮星呢？

在北半球的傍晚，当我们面朝北方天空的时候，很容易找到北斗七星。在春季的夜晚，北斗七星组成的勺子形状倒扣在天空中，"勺子"的容器部分倒扣朝下，"勺柄"指向东方。

我们沿着北斗七星的斗柄，保持弧度向东继续延伸，会找到一颗非常明亮的恒星，它就是大角星。你一定不会错过大角星，它是春季星空中的标志性亮星，在整个星空中亮度排名第四。

我们继续沿着"勺柄"到大角星的这条弧线，向东延长一倍的距离，会见到另一颗亮星，它就是室女座的最亮恒星——角宿一。

在之前的课上我们知道，中国古代天文学中有一个类似星座的概念叫"星官"，宿字在这里读 xiǔ（同"秀"）。按陈卓定纪，共有星官 283 个。黄道、赤道附近的星官被划分为 28 星宿，每个星宿含有多个星官。

找到大角星和角宿一之后，在这两颗恒星的西侧，会找到第三颗亮星，即狮子座的五帝座一。大角星、角宿一和五帝座一组成一个等边三角形。由于三颗星都非常明亮，它们组成的三角形在春季的夜空中十分醒目。这个三角形成为春季星空的标志，它就是著名的"春季大三角"。

我们找到"春季大三角"之后，就可以把它作为星空的指示器和路线图，帮助我们认识更多的星座和亮星。因此，找到"春季大三角"是我们认识春季星空的基础。

龙抬头和火烧田

你有没有觉得大角星和角宿一这两颗恒星的名字有些奇怪？它们的名字中都有一个"角"字，难道是天上某种动物的角吗？如果你想到了这些，那说明你已经具备了一定的科学思维。"大角"和"角宿"都是中国古人起的名字，这种动物一定是中国古代传说中能在天空中飞舞的神奇动物。你猜到了吗？它就是我们神话中的龙。

星空中的众多星座共同组成了一条巨大的"龙"，它就是中国古人常说的"东方苍龙"。在古代，新年过后，我们的祖先在傍晚观察星空的时候发现，大角星和角宿一出现在东方地平线上并且逐渐升起。这意味着，伴随着春天的临近，一条"苍龙"正在东方的天空中渐渐抬起头，准备飞上天。后来，人们把春节过后的农历二月初二这一天叫"龙抬头"。

在"苍龙"的两只"角"升起两个月后，在傍晚的相同时间，人们会发现大角星和角宿一的位置更高了，一颗大红色的恒星正在从东南方地平线上升起，它就是天蝎座最亮的恒星心宿二。心宿也是28个中国古代星宿之一，角宿代表龙的角，心宿代表龙的心脏。所以，整个春季的星空，就是苍龙抬头挺身的过程。

春季，我国大多数地区的土地渐渐回暖解冻，耕种的时候到了。当太阳落到西方地平线时，心宿二正从东方升起，照耀着东方的土地，地上的劳动者开始了耕种前的第一件事——放火烧田。烧田可以高效地去除田间的杂草，把它们烧成一种叫草木灰的肥料。大红色的恒星在天上照耀，烧田的大火在地上闪烁，天上与地上的对照让人们给心宿二起了一个象征性的名字，叫大火星。从"龙抬头"到"火烧田"，春季的星空渐渐展露出完整的画卷，伴随着大地上人们劳动的身影，新的一年开始了。

春季星空中的其他星座

利用"春季大三角"，我们还可以在观测条件好的时候看到其他星座。比如，"春季大三角"北侧的后发座和猎犬座。猎犬座代表牧夫牵着的两条猎犬。猎犬座最亮的恒星猎犬座 α 的中文名字叫常陈一，它的亮度接近 3 等。著名天文学家哈雷曾经把这颗恒星命名为"查理之心"，献给当时的英国国王查理二世。

或如，"春季大三角"东侧的天秤座。天秤座的两颗亮星天秤座 α 和天秤座 β 的名字分别意为"南方的爪子"和"北方的爪子"。它们曾经都是天蝎座的一部分，后来星座边界被重新划定，才归属于天秤座。

再如，"春季大三角"南侧的，小小的乌鸦座。乌鸦座的主要部分由 4 颗 3 等星组成。

接下来，我们将利用"春季大三角"，认识一下春季星空最重要的三个星座：牧夫座、室女座和狮子座。

牧夫座

神话中的牧夫座

我们之前讲过了大熊座和小熊座的神话故事。在两头"熊"升到天上变成星座之后，天神还把牧夫座放在它们的身边，专门守护它们。牧夫座中最亮的大角星在希腊语中的意思是"看守熊的人"。牧夫座的整体形象是一位牧羊人，手中牵着两条猎犬。而猎犬也是一个星座，叫猎犬座。

天文学中的牧夫座

牧夫座的亮星很多，在观测条件好的时候，我们至少能用肉眼看到牧夫座中的 20 颗星。"春季大三角"中的大角星位于牧夫座，它是牧夫座中最亮的恒星。整个牧夫座看起来像一个五边形的大风筝，大角星作为牧夫座最亮的星——牧夫座 α，就像是挂在风筝下方的一盏明灯（图 11-1）。

大角星是一颗零等星，整体呈现橙红色。它的半径是太阳半径

图 11-1 牧夫座的基本形态

的 25 倍，天文学中称它为红巨星。

天文学家还在牧夫座中发现了一个空洞。这个区域距离地球 7
亿光年，直径 2.5 亿光年，在这个空洞里只有数量很少的星系，平均
每一千万光年范围内只有一个星系，这是迄今为止天文学家们发现
的最大的宇宙空洞。

室女座

神话中的室女座

室女座是黄道星座。在希腊神话中，室女座是大地女神德墨忒尔的化身。

德墨忒尔是天神宙斯的姐姐，负责管理世间谷物的生长。德墨忒尔有一个美丽的女儿，名叫珀耳塞福涅，她是象征春天的灿烂女神，只要她走过的地方，地上就会开满娇艳欲滴的花朵。有一天她和朋友正在山谷中的一片草地上摘花，突然间，她看到一朵银色的水仙花，水仙花散发着甜美的气味，吸引着她。于是她离开朋友偷偷地走近水仙花，伸手去碰。突然之间，地底下裂开了一个大洞，两匹黑马拉着一辆马车冲出地面，马车上坐着的是掌管地狱的冥王哈迪斯。他因为爱慕珀耳塞福涅而绑架了她。

珀耳塞福涅大声求救，她的哭声和呼救的声音在山谷中回荡。母亲德墨忒尔听到了这些声音，非常悲伤。她没有心情照顾人类即将丰收的谷物，只想飞过千山万水去寻找女儿。

人间缺少了德墨忒尔，地里的种子不再发芽，麦穗停止生长，没有了谷物人类面临着饥荒，甚至要饿死了。宙斯看到这一切，命令冥王哈迪斯放了珀耳塞福涅。哈迪斯必须服从宙斯的命令，但想出了诡计。珀耳塞福涅临走的时候，哈迪斯塞给她一颗产自地狱的石榴。珀耳塞福涅不知道，只要吃过冥界的食物就会成为冥界的人，不能长时间离开冥界。单纯的珀耳塞福涅吃下了几颗石榴子，于是就必须回到地狱了。

宙斯没有办法，只好对哈迪斯说："一年之中，你只有三个月的时间可以和珀耳塞福涅在一起。"从此以后人们就知道，只要大地结满冰霜，寸草不生，就是珀耳塞福涅又去了地狱的时候。珀耳塞福涅离开地狱的时候，万物复苏，百花盛开，农作物也欣欣向荣。

秋季时太阳会经过室女座，这使得角宿一象征着秋季农作物的收获。角宿一的英文名称 Spica 来自拉丁语的 spica virginis，意为"室女的麦穗"。

🔍 天文学中的室女座

在全天的 88 个星座中，室女座的面积排第二，仅次于长蛇座（图 11-2）。

角宿一是室女座的第一亮星，它散发着蓝白色的光芒，但它实际上是一个有着一对距离很近、互相环绕公转的恒星的双星系统。两颗恒星的距离只有 0.12 天文单位，比水星到太阳的距离还近。我们把这两颗恒星分别称为角宿一 A 和角宿一 B。角宿一 A 是一颗温

图 11-2　室女座的基本形态

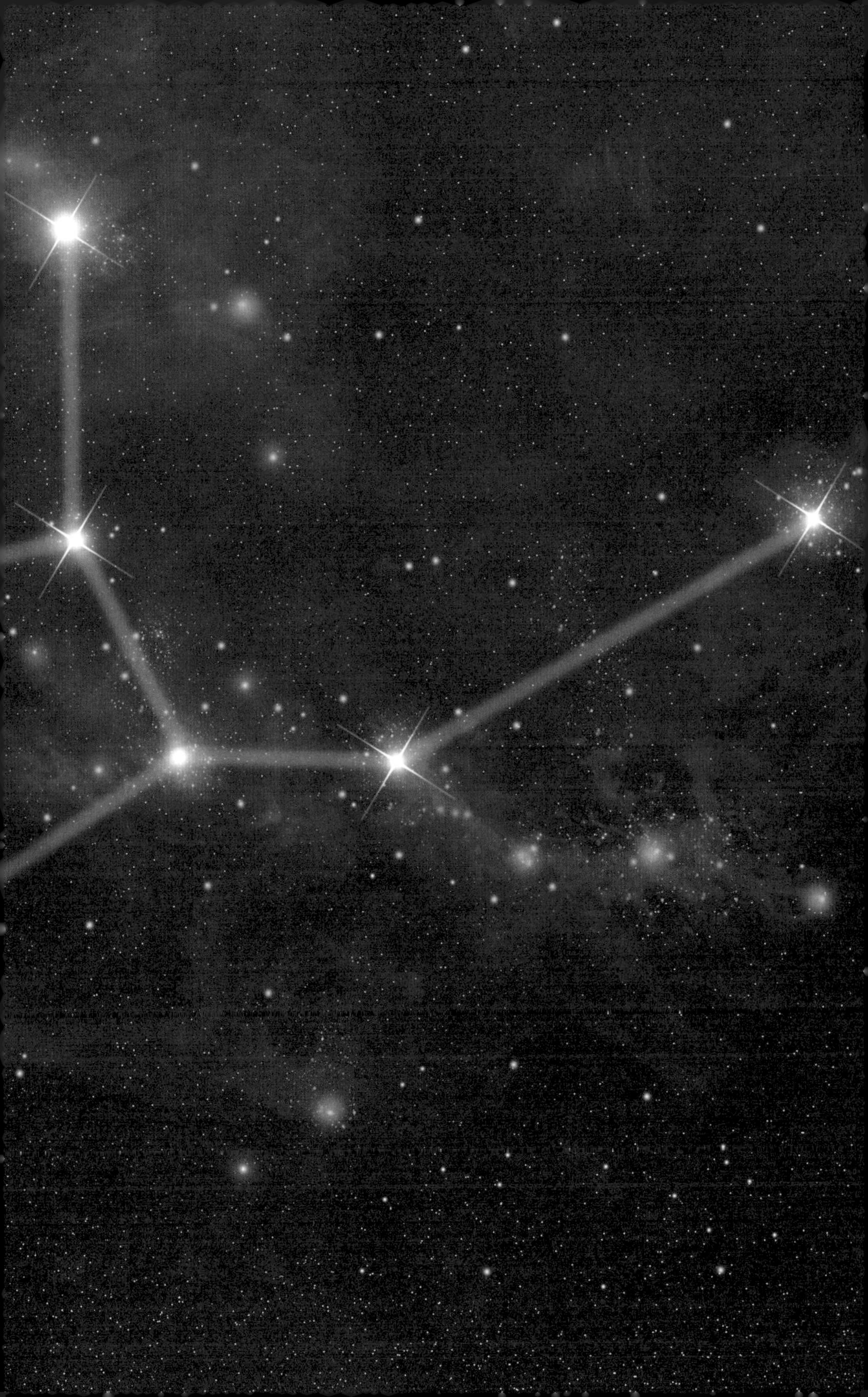

度很高的蓝白色恒星，已经膨胀为巨星，半径是太阳的 7 倍。角宿一 B 是一颗蓝白色普通恒星，半径是太阳的 3 倍。

🔍 室女座中的天象和有趣的目标

室女座中有一颗很黯淡的恒星——室女座 61，它是一颗 5 等星，在观测条件不好时很难被看见，但仍受到天文学家的密切关注，因为它和太阳非常像，而且在它的附近发现了一颗类似地球的行星。

室女座 61 在中国古代叫天门增四，是一颗质量比太阳略小的恒星，距离地球大约 27.8 光年。这颗恒星的物质组成与太阳基本相同。有 3 颗行星围绕着室女座 61 运动，其中两颗的质量比较大，相当于太阳系里的木星。另一颗行星比地球略大，质量是地球的 5 倍。

狮子座

大家都认识"百兽之王"狮子吧？狮子除了生活在非洲大草原，我们头顶上也有"狮子"，它就是狮子座，符号是 ♌（图 11-3）。狮子座是现代天文学的 88 个全天星座之一，也是古代天文学家认识的星座。

🔍 神话中的狮子座

在中国传统文化中，狮子被称为"狻猊"，是一种神兽，被认为

图 11-3 狮子座符号

是吉祥的象征。我们经常在古代宫殿等建筑的大门口和屋脊上见到狻猊的形象（图 11-4）。狮子一直有着神圣的象征意义。

在古希腊神话中，赫拉克勒斯是一位大力士，他需要面对 12 项艰难的挑战。赫拉克勒斯面对的第一项挑战是前往森林深处，打败那里的一头大狮子——尼米亚。赫拉克勒斯不负众望，成功地战胜了狮子。在完成了一系列挑战之后，天神宙斯把赫拉克勒斯升到天上成为一个星座，名为武仙座。被赫拉克勒斯战胜的狮子也被宙斯升到天上，以纪念赫拉克勒斯的英勇事迹，这就是狮子座。

图 11-4 北京故宫的狻猊（狮子）铜像

🔍 天文学中的狮子座

夜空中的狮子座非常醒目。这只天上的狮子头朝西，面向巨蟹座和双子座的方向，尾巴朝东对着室女座。

但是在观测条件不好的城市里，我们只能看到狮子座中比较亮的恒星。它们组成狮子座的两个部分，分别是狮头反写的大问号，以及狮尾的大三角形（图 11-5）。

"大问号"下方的恒星是狮子座最亮的恒星，即狮子座 α，在中国古代天文学中也叫轩辕十四。轩辕十四是一颗 1 等星，但它的亮度在全天所有的恒星中排第 21 位，是 1 等星的最后一位，人称"1 等星的守门员"。比轩辕十四再暗一点的恒星就算 2 等星了。

实际上，轩辕十四由 4 颗恒星组成，距离我们大约是 77 光年。其中最亮的主星的温度比太阳高得多，它是一颗蓝白色恒星。主星附近有一颗体积很小的白矮星。在距离这两颗恒星不远的地方，还有两颗恒星围绕着主星旋转。在这 4 颗恒星中，只有主星能被肉眼看到。

太阳在天空中经过的轨迹即黄道。轩辕十四是距离黄道最近的恒星，所以太阳每年都会遮挡住轩辕十四一次。月球和行星在天上

一个好问题

轩辕十四多久会被太阳遮挡一次？

图 11-5 狮子座亮星组成的主要部分

在之前的课上我们知道，一个星座中恒星的名字通常按照亮度用希腊字母排列表示。狮子座也不例外，最亮的恒星叫狮子座 α，第二亮的叫狮子座 β，第三亮的叫狮子座 γ，以此类推。

经过的轨迹也非常靠近黄道，所以月球也会经常遮挡轩辕十四。

狮子尾巴尖上的恒星是狮子座亮度第二的恒星，名为狮子座β，中国古代天文学中称之为"五帝座一"，距离我们大约有 36 光年。五帝座一是 2 等星，它在拉丁语中是"狮子尾巴"的意思。

🔍 我们在什么时候可以看见狮子座？

每年在 2 月 1 日晚上 8 点，狮子座位于天空东方的地平线上。随着时间推移，狮子座在春季的夜晚逐渐升高。到了 7 月 1 日晚上 8 点，狮子座已经偏到了接近西方的地平线上。所以，对我们来说，观察狮子座的最佳时间是在每年的 2~6 月的晚上 8 点之后。

🔍 狮子座中的天象和有趣的目标

狮子座流星雨曾经是最壮观的流星雨，被称为流星雨之王（图 11-6）。狮子座流星雨出现于每年 11 月 14~21 日，11 月 17 日左右达到极大。通常情况下，狮子座流星雨每小时出现 10~20 颗的流星。在狮子座流星雨爆发的特殊年份，每小时流星数可达数千颗。

一个好问题

为什么狮子座流星雨看起来好像是从狮子座向周围散开呢？

图 11-6　狮子座流星雨

有趣的是，狮子座流星雨和狮子座没有直接关系。只是因为看起来好像每颗流星都从狮子座所在的位置向周围扩散，所以天文学家们才把这个流星雨命名为狮子座流星雨。

狮子座流星雨来源于一颗名叫坦普尔 - 塔特尔的彗星，这是人类已知的第 55 颗周期彗星，它大约每 33 年绕太阳运行一圈。彗星上携带着大量的冰和灰尘，还有少量的有机物。彗星围绕太阳运动的轨道是扁长的椭圆形。在彗星远离太阳时，水结成冰，再加上灰尘和有机物，彗星就像一个掺杂了杂质的大雪球。当彗星靠近太阳时，水逐渐蒸发，彗星中的杂质就留在了彗星运动的轨迹上，就像我们在生活中常见的运土车沿路撒下泥土。

地球公转的时候，有可能穿过彗星留在太空中的杂质。这些杂质闯入地球大气层，在下落的过程中发光发热，就成了流星雨。

因为地球公转一圈需要一年，所以我们每年都有一次机会穿过彗星留下的"杂质团"，这就是我们每年在固定时间看到不同星座流星雨的原因。比如，英仙座流星雨出现在每年的 8 月中旬，狮子座流星雨出现在每年的 11 月中旬，双子座流星雨出现在每年的 12 月中旬。

图 11-7　狮子座三重星系

狮子座的三重星系是一个星系群，它包含了三个星系，分别是 M65、M66 和 NGC 3628（图 11-7）。三个星系都是像银河系这样的旋涡星系，但它们都位于银河系之外，与我们的距离大约是 3 500 万光年。

宇宙中有许多星系。它们形态各异，有旋涡星系和椭圆星系，也有不规则星系。天文学家预测，在可以观测的宇宙中存在几万亿个星系。

第三部分

星　空

12 / 夏季星空

夏季大三角

每年的 6~8 月上半夜，在北半球可以见到夏季星空。夏季星空不缺少亮星和有趣的星座，但是因为夏季的夜晚较短，白昼较长，夏季的观星时间有限，再加上夏季经常遇到雷雨天气，晴朗的夜晚也变少，所以我们能够欣赏星空的机会很珍贵。

🔍 寻找夏季大三角

夏季星空中最醒目的标志是夏季大三角（图 12-1）。

夏季大三角由三颗亮星组成，分别是织女星、牛郎星和天津四。在夏季的夜空中，这 3 颗恒星连成的三角形非常明显，因为它们都是亮度极高的恒星，所以很容易被观测到（表 12-1）。

织女星位于天琴座，牛郎星位于天鹰座，天津四位于天鹅座。在中国大部分地区，傍晚仰望天空，它们几乎都在我们头顶的正上方。即使在大城市，只要避开强烈的灯光干扰，也能看到这个明显的几何图形。

表 12-1　夏季大三角信息表

标准名	中文名	所在星系	星等	颜色	距离（光年）
天琴座 α	织女星	天琴座	0.03	白	25
天鹰座 α	牛郎星	天鹰座	0.77	白	16.7
天鹅座 α	天津四	天鹅座	1.25	白	1740

组成夏季大三角的 3 颗恒星是夏季夜空中最醒目的 3 颗亮星，你一定会找到它们的。我们以北京时间晚上 9 点为例，在 6 月 15 日的时候，织女星位于天空东南方的大约 45° 的位置，它附近没有更亮的恒星。在比织女星更低位置的北方可以找到天津四，在织女星的东方更低处可以找到牛郎星。三颗星组成的大三角形位于天空的东方。

到了 7 月 15 日的夜晚，夏季大三角还在天空东方，但是高度更高了。到了 8 月 15 日的夜晚，整个夏季大三角已经来到我们的头顶位置，织女星位于我们头顶正上方。因此，整个夏天的夜晚，我们抬头就很容易看到夏季大三角。

🔍 牛郎、织女与鹊桥

夏季大三角中有两颗著名的恒星——织女星和牛郎星，相信大多数中国人都知道关于它们的传说。

牛郎织女的爱情故事在我国可谓家喻户晓，也是我国四大民间传说之一。

图 12-1 夏季银河与夏季大三角

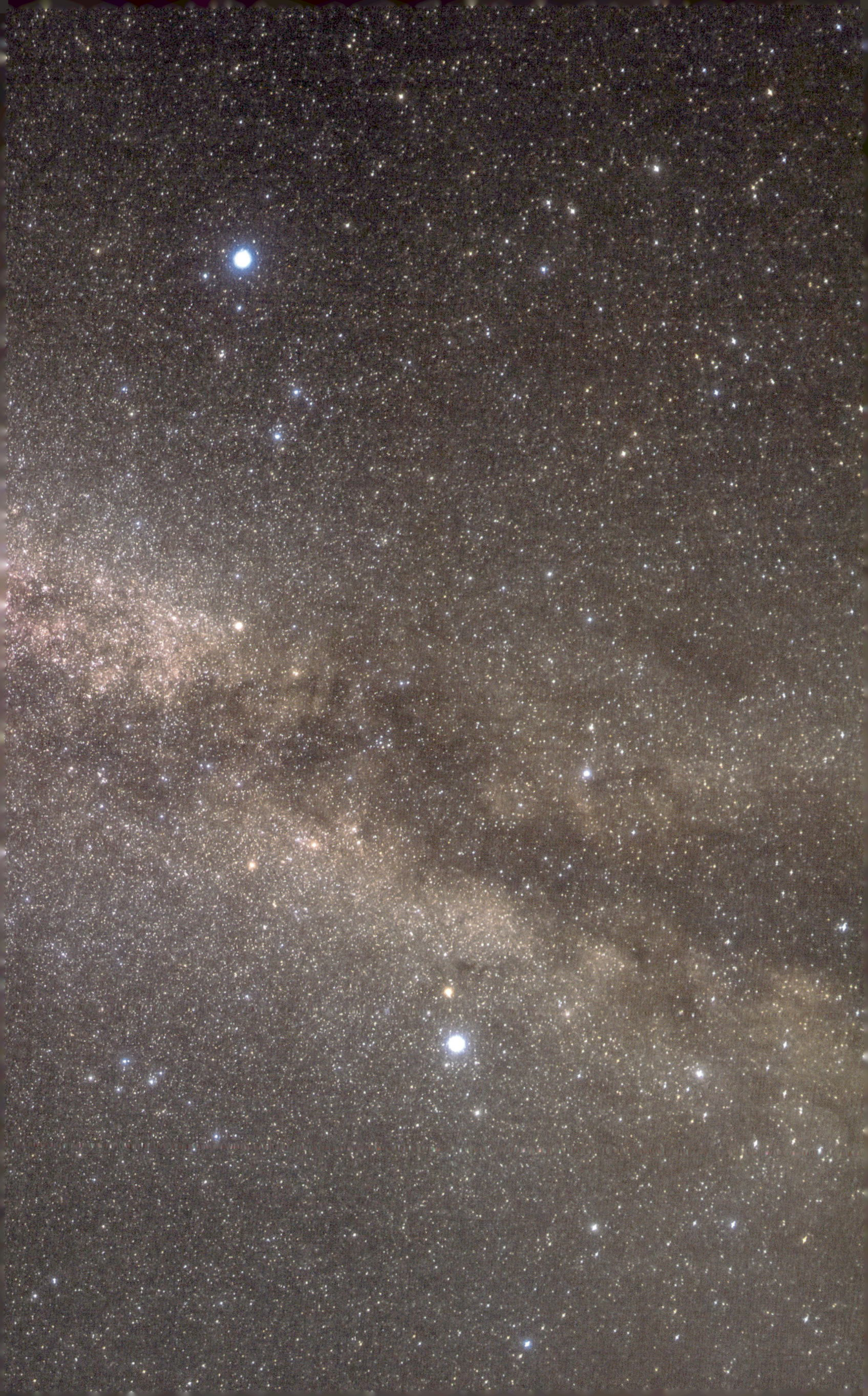

据传说，织女是天帝之女，她擅长织布，每天给天空织彩霞。但是，她讨厌这枯燥的生活，就偷偷下到凡间，私自嫁给在河西放牛的牛郎，二人过上男耕女织的生活。此事惹怒了天帝，他将织女捉回天宫，责令他们分离，让他们分别生活在银河的两侧，只允许二人在每年的农历七月初七相会一次。他们坚贞的爱情感动了喜鹊，在每年农历七月初七，无数喜鹊飞来，用身体搭成一道跨越天河的喜鹊桥，让牛郎织女在天河上相会。

让我们回到天文学，牛郎星和织女星分别位于天鹰座和天琴座中，由于它们的位置非常接近，因此被称为"牛郎织女"。牛郎星又名河鼓二，是天鹰座最亮的一颗星，是全天第 12 亮的恒星。织女星则是天琴座最亮的一颗星。

实际上，牛郎星和织女星相隔 16 光年，它们不可能在每年的农历七月初七跨越银河"相见"。

夏季星空的其他星座

除了夏季大三角涉及的天琴座、天鹰座和天鹅座，夏季夜空中还有很多重要的星座，例如位于南方星空中银河附近的天蝎座和人马座。

天蝎座是黄道十三星座之一，位于南半天球，接近银河系中心。天蝎座的象征是蝎子。

天蝎座中的众星排列成一个"S"形，它很像一只尾部高高翘起的蝎子。天蝎座中组成"S"形的恒星大多为 3 等星，只有 1 颗 1 等星和 3 颗 2 等星。组成蝎头的 4 颗星与组成蝎胸的 3 颗星的连线相互垂直，组成蝎尾的 9 颗星的连线呈弯钩形。其中，天蝎座 α 的中文名称为心宿二。

心宿二是一颗老年红巨星，表面温度约为 3 500℃，大小是太阳的上亿倍，距离地球 603.99 光年。心宿二一直进行着周期性的膨胀与收缩，膨胀时它看起来比较亮。它还被称为大火星。春季星空中天蝎座的大火星在傍晚从东方升起，呈现出"龙抬头"的现象。到了夏季星空，天蝎座已经升高到了天空南方。大火星作为"苍龙"的"心脏"，带领"东方苍龙"来到南方，这时的天空看起来宛若"飞龙在天"。天蝎座还有其他一些比较亮的恒星，如心宿一、心宿三、尾宿二等。

人马座也是一个黄道星座，位于南天，面积约为 867.43 平方度，占全天面积的 2.103%。人马座中亮于 5.5 等的恒星有 65 颗，最亮星为箕宿三（也是人马座 ε），视星等约 1.8 等。每年 7 月 7 日子夜，人马座中心经过上中天。人马座的拉丁文名是 Sagittarius，意为"持箭者"。在古希腊神话中，人马座代表着半人半马的智者喀戎，他手持弓箭。在占星学中，人马座被用来命名黄道十二宫的第九宫，即人马宫。

此外，人马座还有一个与之相关的天文结构，即人马星流。人马星流是由恒星组成的一个长且复杂的结构，环绕着银河系的轨道几乎是越过极点的绕极轨道。它是在数十亿年人马矮椭圆星系与银河系合并的过程中产生的，是被潮汐力剥离出来的恒星。

天琴座

神话中的天琴座

据希腊神话传说，天神将竖琴名家俄耳甫斯的七弦琴放置在夜空中，成为天琴座。俄耳甫斯死后，他所唱诵的颂诗内容尤其是他在冥界的所见所闻，被人们尊崇信奉，从而俄耳甫斯教产生了，后来甚至成为古希腊一支神秘且影响深远的宗教。天琴座的英文名字 Lyra 来自希腊语 λύρα，意思是"七弦琴"，有时也音译为"里拉琴"。Lyre 在英语中演变出 lyric 一词，即"歌词"，这个词的本义为"属于七弦琴的、属于乐曲的"。

在天文学中，天琴座是一个在北天银河中的星座，它璀璨闪耀，因形状犹如竖琴而得名。它是古希腊天文学家托勒密列出的 48 个星座之一，也是国际天文学联合会所定的 88 个现代全天星座之一（图 12-2）。

天文学中的天琴座

天琴座是天文学中的一个小星座，它位于银河的西岸。天琴座

图12-2 天琴座

　　的主要亮星包括织女星，以及靠近织女星组成平行四边形的四颗星。其中最亮星是织女星，它也是夜空中最亮的恒星之一。

　　天琴座和天鹅座相连，它们之间有一小块区域，面积大约相当于两个北斗七星的"勺子"那么大。2009年，美国国家航空航天局发射的开普勒空间望远镜就对准了这个区域。它只有一项任务，就是频繁拍照片。对着完全相同的区域反复拍照。天文学家相信，积累的数据多了，就可以看出变化。开普勒空间望远镜能发现那些亮度呈现周期性变暗的恒星。它们变暗，是因为身边有一颗行星把自

图 12-3　M57 环状星云

已挡住了。利用这种方法，开普勒空间望远镜已经发现了好几千颗行星。有些行星还非常像我们的地球。

所以，在天琴座和天鹅座的边界上，有几千颗行星等待我们进一步探索。它们可能温度适宜，可能有水，可能有和地球一样的四季和昼夜变化。

🔍 有趣的目标

天琴座中还有一个著名的双星系统——织女二（ε Lyr/ 天琴座 ε），组成它的两个星自身都可以再分为双星，也可以说，这是由两对双星组成的系统，所以也称"双双星"。

M57 璀璨星云是天琴座中著名的星云之一，也被称为"环状星云"（图 12-3）。它是一个由气体和尘埃组成的环状结构，距离地球约 2 300 光年。这个星云非常漂亮，深受天文爱好者喜爱。

天鹰座

神话中的天鹰座

在希腊神话中有一些与天鹰座相关的故事。其中一个故事是关于宙斯的圣宠——一只雄鹰。据说宙斯曾经变成一只雄鹰，抢走了特洛伊王子伽倪墨得斯和宁芙仙子埃癸娜，将他们带到天界做众神的仆人。宙斯对自己变成的这只鹰的形象非常得意，于是便将这只鹰的形象置于天空的星辰之中，成为天鹰座。

另一个与天鹰座相关的故事与普罗米修斯有关。普罗米修斯曾经从宙斯那里偷走了火种，带给了人类。宙斯为此非常愤怒，将普罗米修斯绑在了高加索山上，并派来了一只鹰每天啄食他的肝脏。这只鹰被认为是天鹰座中的一颗星。

天文学中的天鹰座

天鹰座比较好找，我们只要先找到它的最亮星——天鹰座 α，中国星名河鼓二也就是牛郎星。天鹰座 α的亮度在全天星座中位列第

12 位。天鹰座内目视星等亮于 6 等的星有 87 颗，其中亮于 4 等的星有 13 颗。

天鹰座位于地球赤道的正上方。也就是说，如果我们在地球赤道附近观察天鹰座，它永远从正东方升起，正西方落下，到了夜里，它会出现在头顶正上方。越往北半球走，天鹰座越偏南。越往南半球走，天鹰座越偏北。但是，不论在地球的哪里，我们都有机会见到天鹰座。

"先驱者 11 号"飞船携带了一张镀金的铝板，尺寸约为 23cm×15cm。它在 20 世纪 70 年代发射，完成了对太阳系的探测任务之后，携带着铝板飞往天鹰座方向。铝板上刻画了人类的形象、太阳和地球的位置等信息。我们期待有一天，它会被其他文明捕获，从而发现人类的存在。

🔍 有趣的目标

天鹰座 η 是一颗超巨星，是肉眼可以看到的造父变星之一，亮度在 3.5~4.4 等之间变化，周期是 7.2 天。

鹈鹕星云是位于天鹰座内的一个星云，距离地球大约 2 000 光年。鹈鹕星云的外观形似一只鹈鹕，因此得名。

鹈鹕星云中有很多恒星正处诞生过程中，因此这里的恒星和气体显得格外活跃。刚形成的恒星非常年轻，它们发出的光慢慢加热了周围寒冷的气体和尘埃，使星云的中心看起来清空了一大

图12-4　天鹰座中的鹈鹕星云

块，但星云的周围仍然存在一些丝状气体和尘埃的组合。新的恒星持续加热星云，所以在几百万年后，这个星云的样貌将和现在完全不同。

鹈鹕星云是一个非常有趣的天体，值得天文爱好者们去观测和探索。

天鹅座

🔍 神话中的天鹅座

在希腊神话中，有两个与天鹅座有关的传说。

其中一个传说是关于天神宙斯和勒达公主的。宙斯为了接近勒达公主，化身为一只美丽的天鹅。勒达与宙斯结合后，生下两个男孩——卡斯托尔和波吕杜克斯，他们后来成为双子座。

另一个传说是关于少年库克诺斯的，他死后化身为一只天鹅，飞向天空，成为天鹅座。

🔍 天文学中的天鹅座

天鹅座是北大星座，因其明显的十字形结构也被叫作北十字星座，对应南天星座中的南十字星座。

天鹅座的位置就在银河上。想象一下，天鹅正浮游在银河上的画面吧。

天鹅座的最亮星是天津四。"津"的意思就是靠近水边的地方，

图 12-5　位于天鹅座的北美洲星云

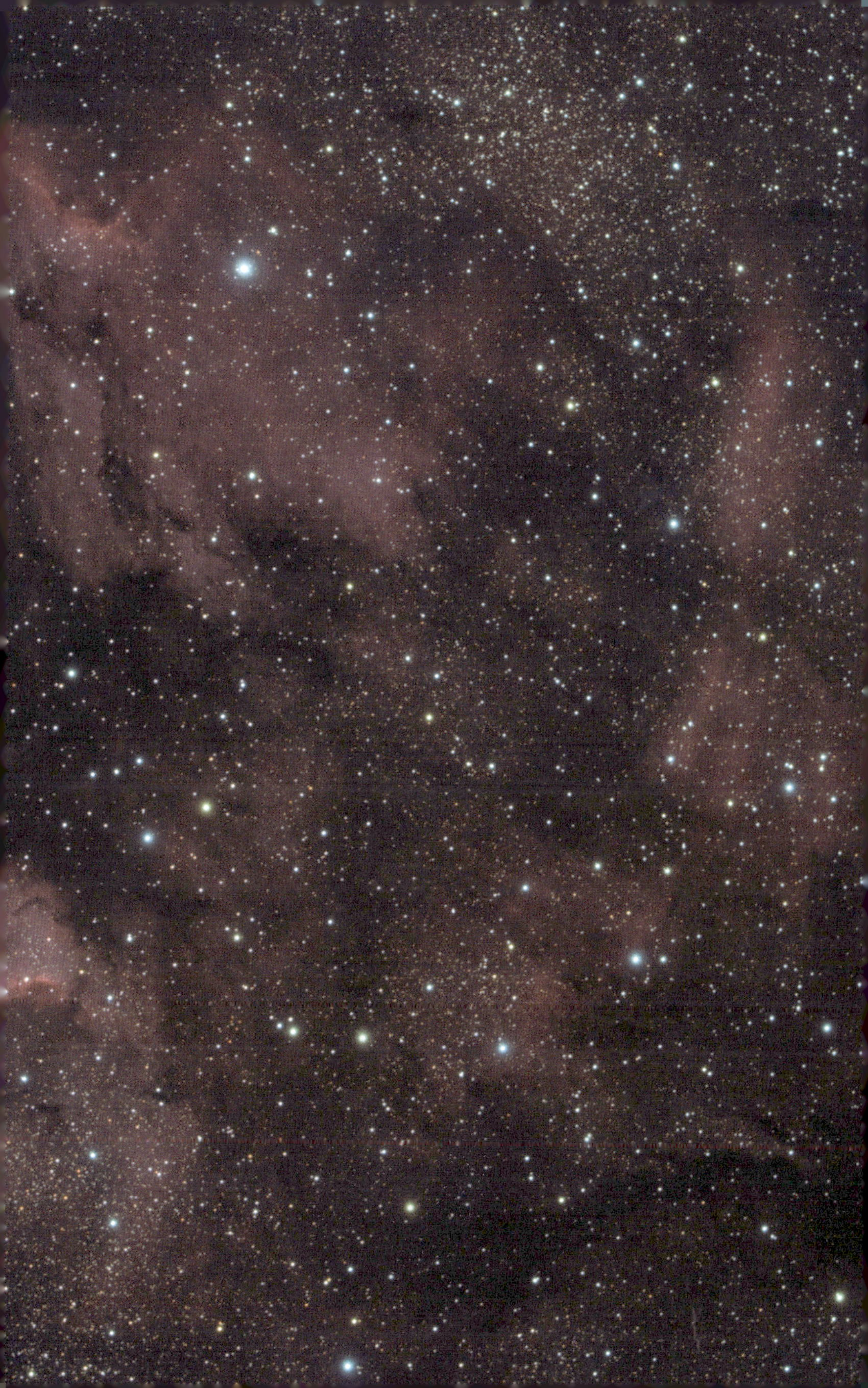

所谓天津，就是天子的码头，天子的渡口。银河就是天上的河，又叫天河。天津四，即组成渡口的第四颗星。

🔍 有趣的目标

天鹅座有一颗星叫天鹅座 OB2-12，它是银河系里最亮的恒星之一。亮度是太阳的 195 万倍。和它相比，太阳就像一块小黑煤球。

天鹅座中还有一颗星叫 KIC 8462852，它会发生非常诡异的亮度变化，这到现在天文学家们还无法解释。我们过去对恒星亮度变化的解释，无非是双星互相遮挡，自身脉搏式振动，有尘埃、彗星、行星的遮挡等原因，但是这些目前都无法解释 KIC 8462852 亮度变化的原因。

天鹅座 X-1 是一个双星系统，是一个很强的 X 射线源。在这里，人们发现了第一个黑洞候选体。

北美洲星云是位于天鹅座内的一个星云，也称为 NGC 7000。它距离地球约 1470 光年，形状类似于北美洲大陆，其黑色的尘埃带像勾勒出了大西洋海岸和墨西哥湾的轮廓，尘埃带的另一侧是轮廓鲜明的鹈鹕星云 IC 5070。虽然北美洲星云的总亮度是 4 等，但是由于星云面积太大、过于分散，因此人们很难通过肉眼直接将其从银河系背景中分辨出来。如果我们想观测北美洲星云，最好选择没有月光的黑夜，用双筒望远镜或者用低倍望远镜进行观测（图12-5）。

夏夜银河

夏夜银河通常在天空中呈现出一条横跨天际、纵贯南北的乳白色光带，它由大量的恒星构成。在光污染较小的环境下，我们可以看到大小星座群星璀璨，非常壮观。

夏季是欣赏银河的绝佳季节。一般在天黑后我们就可以看到夏夜银河升起在东方高空，到午夜时，银河斜贯天际，最亮的部分基本位于正南方，同时东北边的秋夜银河开始升起。到后半夜，夏夜银河偏西，秋夜银河完全升起，在北边高空横贯天空。观测夏夜银河最好选择没有月亮的夜晚，在光污染较小的地方观测效果更佳。

第三部分

星　空

13 / 秋季星空

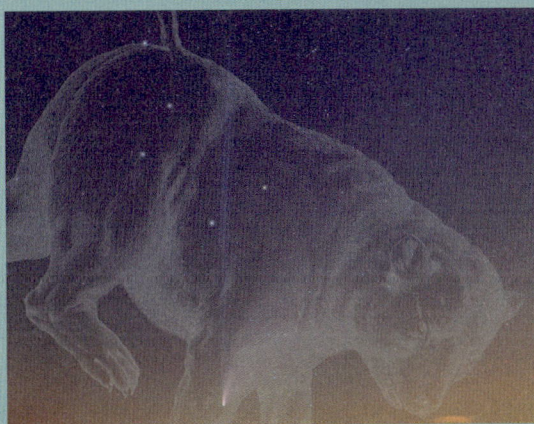

秋季四边形

秋季星空的标志是"秋季四边形"。

"秋季四边形"是一个近似正方形的恒星组合，横跨两个星座，由仙女座 α 壁宿二和飞马座 α 室宿一、β 室宿二、γ 壁宿一共同组成。

在中国古代，先人们把这个四边形看作是可避风遮雨的房子。每到秋季，人们都要修补房屋、堵上漏洞，以确保能过一个温暖的冬天，因此这 4 颗星也被称作"定星"。这个四边形在北半球秋季的星空中非常显眼，是秋季星空的标志之一。

寻找秋季四边形

当我们想观测秋季星空时，可以从秋季四边形开始。在秋季，天黑后不久，我们在正南方向的天空中很容易看到一个巨大的四边形，四条边的长度接近相等，四个角上的恒星的亮度也非常接近，都是大约 2 等的亮星。这个四边形就是著名的秋季四边形，由飞马座和仙女座的部分恒星组成。

王族星座

神话中的王族星座

王族星座是指在秋季星空中比较醒目的一组星座，包括仙王座、仙后座、仙女座和英仙座等。这些星座在古希腊神话中有着自成系统的神话故事。

仙王座和仙后座代表的是埃塞俄比亚的国王和王后，仙女座安德洛美达是他们的女儿，后来成为英仙座珀修斯的妻子。

仙王座

仙王座是北天星座中的一个比较暗淡的星座，位于天鹅座北边、仙后座西边。它是一个拱极星座，因此全年都可见。仙王座的主要恒星包括δ、ε、ζ、ι和α等，它们组成了"王冠""国王的头部""左右肩"和"左脚"。

这个星座的亮星不多，最亮的星也比北斗七星暗，所以在城市中观测条件不太好的地方，不太容易看到它们。但是仙王座有一颗十分重要的星，有必要单独说一说。

这颗星在我国古代天文学中被称为造父一，顾名思义，是中国古代造父这个"星官"的第一号星。

造父变星有什么用呢？这可太重要了。它是一类亮度发生周期性变化的恒星，它的变化周期和它自身的亮度有固定的关系。简单来说，如果它本身较暗，它变化的时间就短；反过来，如果本身特别亮，亮度变化需要的时间就长。这个关系很容易理解，正所谓"船小好调头"。造父一的亮度变化周期为5天9小时，亮度在3.5~4.4等之间变化。

明白这个关系后计算就变得很简单了。只要观察一下这颗星完成一轮变化的时间，就可以算出它本身的亮度。本身的亮度有了，再与它看起来的亮度，即视星等，进行对比计算，就能判断距离。

造父变星是天文学家用来测算距离的好工具，人送外号：量天尺。

造父一也是双星，我们用小型望远镜可以看到它的一颗很暗的伴星。

造父二是一颗红巨星，亮度变化不大，但它的红色非常明显，是仙王座中最亮的恒星之一。

🔍 仙后座

仙后座是北天星座中一个非常著名的星座，也是国际天文学联合会认定的 88 个现代星座之一，同时也是古希腊天文学家托勒密列出的 48 个星座之一。它位于天空北边，呈现独特的"W"形（根据在夜晚的时间不同，也可能呈现"3""M"或"∑"形）。仙后座的 5 颗最亮星组成了星座独特的形状，它们分别是仙后座 α、β、γ、δ 和 ε（图 13-1）。

"W"形的仙后座，下面两颗星中右侧那颗是该星座最亮的星——仙后座 α。这颗星在中国古天文学中被称为王良四，王良还有个更为人熟知的名字——伯乐。

仙后座中的星星亮度很高，即使在灯光明亮的城市，我们也可以观测到。仙后座与北极星的距离不远，在北半球的高纬度地区这个星座整晚都不会落下，而且跟北斗七星相对，也是拱极星座。

400 多年前，天文学家第谷·布拉赫（Tycho Brahe）肉眼发现仙后座多出了一颗新星，后来逐渐暗淡，直至消失。这就是大质量恒星衰亡时的超新星爆发，现在用望远镜可以看到一小片星云。第谷的发现，直接证明了天空不是永恒不变的，推翻了西方自古希腊开始人们就坚信的"水晶球宇宙"模型，从客观上支持了哥白尼的天文学革命思想。

在秋冬季节，北斗七星的高度很低，容易被地面的建筑物遮挡，因此不易被看见。仙后座与北斗七星相对，当北斗七星所在的大熊

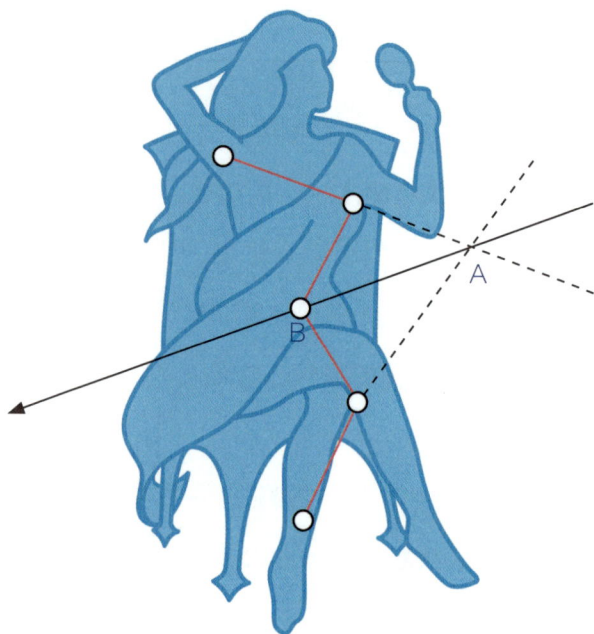

图 13-1   仙后座具象图

座不容易被看见的时候，仙后座的高度就比较适合观测。所以，在秋冬季节，我们可以利用仙后座找到北极星。

具体方式是什么呢？

1. 首先，找到仙后座，它呈现独特的 "W" 形状。

2. 接着，将 W 两侧的直线继续延伸，直至在 W 下方交汇于一点 A。

3. 最后，将 A 点与 W 形状中间的恒星连线，向 B 点方向延长大约 5 倍远，就可以找到北极星了。

🔍 仙女座

仙女座是北天星座中的一个著名星座，位于天球赤道以北。仙女座与飞马星座相邻。仙女的头为壁宿二，是飞马座四边形的其中一角。由于其赤纬偏北，仙女座只有在南纬40°线以北的地区才能够被看到，在南纬40°以南的地区则会位于地平线之下。

仙女座中央位置，有一个呈椭圆形的天体，那是一个特别重要的天体——仙女座星云。

在天气好的时候，用肉眼就看得见仙女座星云，看起来像一片模模糊糊、白茫茫的云雾。用望远镜看，它呈现旋涡的样子。

它与我们的距离到底有多远？它在银河系之内还是之外？20世纪初天文学家对这些问题展开了世纪大辩论。最终，哈勃测定了仙女座星云的距离，结果显示它的尺寸远远超过了银河系。原来，仙女座星云是和银河系一样的另一个大星系。

🔍 英仙座

英仙座是北天星座中的一个著名星座，每年11月7日子夜英仙座的中心经过上中天。在地球南纬31°以北居住的人们可看到完整的英仙座。英仙座位于仙后座、仙女座的东面。每年秋天的夜晚，观测者可在天空北方找到易见的仙后座，或者找到位于飞马星座大四方形东北方的仙女座，然后沿着银河巡视，我们很容易找到由几颗

2~3 等的星排布成一个弯弓形或"人"字形的英仙座。

英仙座代表的珀耳修斯是希腊神话中的大英雄，英雄手里拎着美杜莎的头，他铲除了邪恶的女妖。

英仙座里有一颗亮星，即大陵五，早在 3 000 多年前，古埃及人就发现这颗星的亮度会明暗交替变化，周而复始，所以它一直被称为"恶魔之星"。这个变化的周期是 2~3 天。古埃及人把这颗星比较亮的日子叫幸运日，较暗的日子叫不幸日，这在古埃及的日历中亦有所记载。后来的天文学家发现，这其实包含了两颗星，它们互相干扰、遮挡彼此，导致看起来的亮度变化。再后来，天文学家发现，还有第三颗星围着它们，这颗"恶魔之眼"其实是个"三体世界"。

英仙座流星雨每年 8 月上旬爆发，特别有规律。在理想的观测环境下，每分钟能看到两颗流星，并且这种爆发持续很长时间，年年如此。如果在郊区比较黑暗的地方观测的话，一晚上很有可能可以看到上百颗流星，而即便没有流星雨，随随便便一个晚上都很容易看到一二十颗流星。

🔍 飞马座

飞马座在希腊神话中是一匹俊美且带有双翼的神马。神马被提升到天上，成为飞马座，它是北天星座之一，位于仙女座西南，宝瓶座以北。

飞马座星图最显著的特点是它的 α、β、γ 三颗星和仙女座 α 构成了一个近乎正方形的四边形，被称为"秋季四边形"。这四颗星中，除飞马座 γ 为 3 等外，其他都是 2 等星，所以这个四边形在没有太多亮星的秋季天空中非常醒目。

飞马座有一颗恒星叫飞马座 51，它身边有一颗围绕它的行星，这是人类发现的第一个太阳系之外的围绕别的恒星的行星。

飞马座有一个星团叫 M15。该"星团"是由银河系之内的恒星组成的。这个星团本身没什么特殊之处，但它的发现者很有意思。M15 的发现者名叫马拉迪，他的叔叔也是天文学家，也叫马拉迪。舅舅马拉迪发现了火星的南北极有冰盖。这个舅舅马拉迪也有个舅舅，即大名鼎鼎的天文学家、巴黎天文台台长——卡西尼。卡西尼发现了木星大红斑、土星的四颗卫星。

马拉迪家族的很多人是天文学家。卡西尼的重孙子也是天文学家。

第三部分

星 空

14 / 冬季星空

猎户座

猎户座是冬季星空的中心，也是冬季星空最显著的标志。识别了猎户座，就可以在此基础上认识整个冬季星空。

🔍 神话中的猎户座

在希腊神话中，猎人奥利翁是海神波塞冬的儿子，他身材魁梧，善于狩猎。据传说，奥利翁狂妄自大，他曾经夸口自己没有打不到的猎物，这惹恼了天后赫拉，于是天后派出一只毒蝎子去惩罚奥利翁。最终奥利翁被蝎子杀死，但他的形象却被永远地铭刻在天空中，成为猎户座（图 14-1）。

🔍 天文学中的猎户座

猎户座是一个位于赤道带的星座。猎户座最核心的部分有 7 颗星。由参宿四、参宿五、参宿六和参宿七等 4 颗亮星组成一个大四边形。四边形中部横亘着参宿一、参宿二、参宿三共 3 个恒星连成

图 14-1 猎户座具象图

的直线，表示猎人的腰带。在这个核心形状的右侧，也就是西边，有一串纵向排列的星构成一个弧形结构，表示猎人的盾牌。在猎人腰带下方，也就是南边，有一团模糊的东西，那里有一团亮星和一个明亮的大星云 M42。它们代表猎人腰带里的匕首。

猎户座总面积为 594 平方度，居全天星座的第 26 位。它位于双子座、麒麟座、大犬座、金牛座、天兔座、波江座与小犬座之间，北部融入银河之中。

猎户座中最亮的星是参宿七（猎户座 β），它的星等为 0.12 等，在全天星座的亮星中排在第七位，绝对星等为 -6.7 等，表面温度为

图 14-2　夜空中的猎户座、金牛座、大犬座

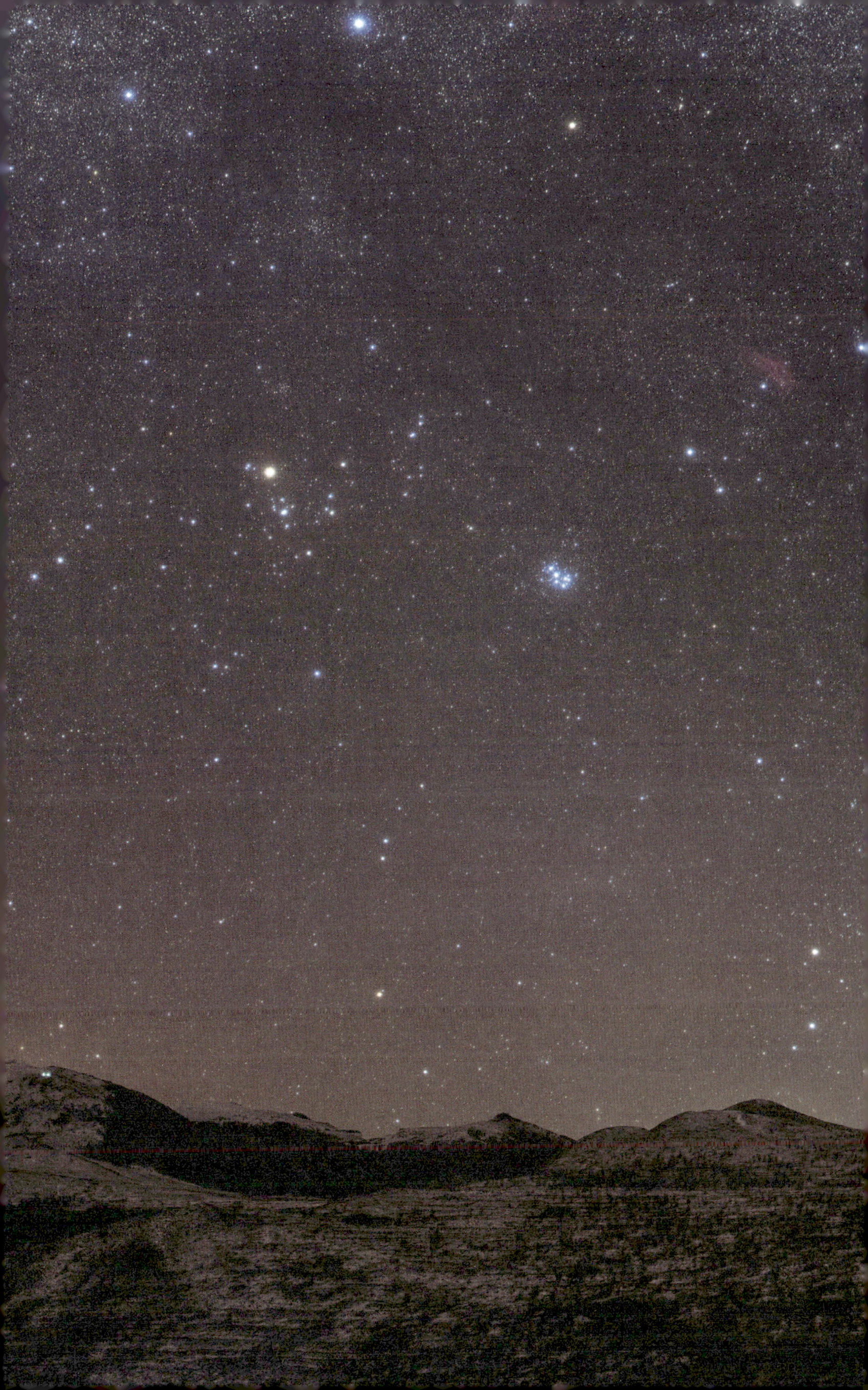

图 14-3 猎户座大星云 M42

12 000 K。

参宿四（猎户座 α）是全天第 9 亮星，亮度在 0~1.6 等之间，亮度变化周期不规律，一般超过一年，属于不规则变星。猎户座这两颗最亮的恒星体积巨大。在图 14-1 中，猎户座左上角的参宿四是蓝色的超巨星，尺寸巨大，濒临死亡，说不定哪天就发生超新星爆发，剩下一个黑洞。图 14-1 右下角的参宿七是橘红色的超巨星，同样巨大。

猎户座"腰带"上的 3 颗星就是中国古人说的福禄寿三星，我们古话里说的"三星高照"就是指代它们。有谚语说："三星正

图 14-4　猎户座中的马头星云

南，家家过年。"说的就是临近年底的时候，傍晚时分三星位于正南方向。

　　M42 是最明亮的星云之一，肉眼隐约可见。我们用小型望远镜就能看到它的扇形结构。它比较容易定位，可以说是天文爱好者拍摄星空照片的入门大体。这个星云充满了氢分子，也就是氢气，里面蕴含着大量正在形成和刚形成不久的恒星，可以看作恒星的"产房"或"幼儿园"。

　　马头星云是位于猎户座的一个暗星云，由于从地球看过去，它黑暗的尘埃和旋转的气体构成的形状很像马头，因此得名。它是猎户座分子云团的一部分，距离地球约 1 500 光年，它是哈佛大学天文台的威廉敏娜·弗莱明在 1888 年拍摄的 B2312 号干版（这是一种摄影方式，与之对应的还有湿版摄影）的一张照片底版上发现的。

猎户座形状特殊，成员星普遍特别亮，它是冬季看星星的首选目标。找到它后，再去找周围别的星座就容易了。例如，猎户座三星连成一线，这条线往右上方延长出去，会遇到一颗橘色的亮星，这是金牛座最亮的星。三星连线往反方向的左下角延长出去，也会遇到一颗特别明亮的白色的星，这是大犬座的天狼星。

金牛座

🔍 神话中的金牛座

在古希腊神话中，金牛座的由来与腓尼基公主欧罗巴（Europa）有关。据说，天神宙斯让欧罗巴做了一个奇怪的梦，后

图 14-5　金牛座的昴星团

来他化身为一头公牛，将美丽的欧罗巴公主带到了克里特岛，以她的名字命名并收留她的那片土地，这也是欧洲（Europe）名字的由来。这个故事被后人传颂，成为金牛座的由来。

🔍 天文学中的金牛座

金牛座是黄道星座，面积为797.25平方度，在全天星座的 88 个星座中，面积排行第 17。金牛座中亮于5.5 等的恒星有 98 颗，最亮星为毕宿五（金牛座 α），视星等约为 0.85 等。每年 11月 30 日子夜，金牛座中心经过正南方天空。毕宿五和同样处在黄道附近的狮子座的轩辕十四、天蝎座的心宿二、南鱼座的北落师门等 4

图 14-6　金牛座的蟹状星云

颗亮星，在天球上各相差大约 90°，正好每个季节出现一颗，它们被合称为黄道带附近的"四大天王"。

毕宿五是一颗明亮的橘红色恒星，在冬季的夜空中特别耀眼，就像一只瞪红了的牛眼。将猎户座腰带的三颗星连成直线，然后向西北方延伸，就能找到毕宿五。

在金牛座的"肚子"里有一团模糊的蓝白色光斑，我们用小型双筒望远镜就可以观测到，那其实是一大群恒星组成的星团，即昴星团（图 14-5）。在《西游记》里，帮助孙悟空降服蜘蛛精和蝎子精的那位神仙叫昴日星官。昴日星官的本相是一只大公鸡。"昴"字有公鸡早上打鸣的含义，其头顶有个日字，显然表示这和太阳、时间、季节有关。

在中国古代天文学中，也有一个星座，即昴宿。在冬至这一天的夜晚，我们可以在天空的南方看见它。昴星团即位于昴宿中。

在昴星团中我们很容易看到很多颗蓝白色的恒星，它们都是比较年轻的大质量恒星，几乎一起诞生，一起成长。

金牛座的另一个重要天体是蟹状星云 M1。今天我们还能用望远镜在金牛座中看到一团长得像大螃蟹一样的星云，它就是蟹状星云 M1（图 14-6）。

蟹状星云位于金牛座 ζ（天关客星）的东北面，距离地球约 6 500 光年，它的直径达 11 光年，并以每秒约 1 500 千米的速度膨胀。它由英国天文学家约翰·贝维斯（John Bevis）于 1731 年发现。早在 1054 年，中国北宋年间，中国、阿拉伯和日本的天文学家都发现并记录了一次超新星爆发。这颗超新星现编号为 SN 1054，我国古代天文学家称之为天关客星。1969 年，有天文学家发现蟹状星云的中心是一颗脉冲星，直径 28~30 千米，每秒自转 30.2 次，并发射出从 γ 射线到无线电波的宽频率范围电磁波。蟹状星云自此受到了现代天文学家的关注，因为它是研究大质量恒星晚期演化的一个"活"样本。

大犬座和小犬座

神话中的大犬座和小犬座

大犬座和小犬座在希腊神话中都有相关的传说。大犬座是猎人奥利翁的爱犬，名叫"西里斯"，因为阿尔忒弥斯误杀了奥利翁，西里斯很伤心，不吃不喝，每日哀号，最终饿死。如此忠诚的犬，让宙斯很是感动，他把西里斯升上天空，让它永远陪在奥利翁的旁边，成为大犬座。

小犬座在神话中则是猎鹿行家阿克特翁心爱的幼犬。小犬座的"头号"亮星——南河三，在夜空中升起的时间早于大犬座，因此它的名字 Procyon 也有"在犬前面"之意。

天文学中的大犬座和小犬座

大犬座紧挨着猎户座，位于猎户座的东南方向。它的范围内有银河穿过。

大犬座的最亮星是大犬座 α，在中国天文学领域中，它就是大名

鼎鼎的天狼星。天狼星是夜空中最明亮的恒星。

苏轼有词："西北望，射天狼。"天狼星不可能出现在西北方的，为什么苏轼写西北望呢？实际上，苏轼没有说错。"西北望，射天狼"，说的不是我们人类望向西北方能看到天狼星，而是有一个叫"弧矢"的星官（弧矢是弓箭的意思），它的西北方是天狼星。

将猎户座腰带的三颗星连成直线，然后向东南方延伸，就能找到天狼星。

现在我们都知道，天狼星是双星，它附近有一颗白矮星。主星和伴星的距离很近，所以我们用肉眼看天狼星，它好像是一颗星，但如果用专业的望远镜进行观察，我们就能看到是两颗星。

人类第一次确认天狼星是双星的时间是 1862 年。发现的过程也很有趣。当时，一家望远镜厂商在给新生产的望远镜做最后的品质检验时，观测到了天狼星的伴星。

天狼星伴星的发现标志了人类工业技术水平的进步。望远镜制造工艺的提升，代表了玻璃生产和加工技术的提升等工业技术的整体进步。1862 年的工业水平恰好满足了"看清天狼星主星和伴星"的工业技术要求。

小犬座的亮星主要有两颗，分别叫南河二和南河三。

南河三比南河二更亮，虽然南河三的亮度不及天狼星，但它在冬夜里绝对不会被人忽略。它的亮度在全天星座中位列第七。

冬季大三角

在认识了猎户座、大犬座和小犬座之后，我们会发现冬季星空的另一个醒目的标志，即"冬季大三角"。

🔍 寻找冬季大三角

冬季大三角是由大犬座的天狼星、小犬座的南河三和猎户座的参宿四组成的三角形（图 14-7）。这三颗星所形成的三角形位于天球的赤道上，因此在地球各地都可以看到它。冬季星空中的一个主要景象就是冬季大三角。

图 14-7　夜空中的冬季大三角

双子座

神话中的双子座

在希腊神话中，有多个有关双子座的传说。我们在上文提过一个，即双子座由一对兄弟演变而来。他们的母亲是勒达，因被宙斯诱骗而生下孩子。其中的两个男孩就成为双子座。

天文学中的双子座

大约在元旦过后几天，午夜时候的双子座位于夜空正南方中。

双子座，顾名思义，其形象是两个小男孩。在星空中，它们看起来就是两组恒星，每个"孩子"的"头部"都有一颗亮星做代表。在中国古代天文学中，这两颗星一个叫北河二，另一个叫北河三，即北河星官的第二颗和第三颗星。

双子座是一个充满新发现的星座。当年，英国天文学家威廉·赫歇尔就是在该星座的方向发现了天王星。后来，美国天文学家克莱德·威廉·汤博也是在该星座的方向发现了冥王星。

双子座流星雨的极大值通常发生在每年 12 月的 13~14 日。理想状态下，每小时能够观测到超过 100 颗流星。

第四部分

走向宇宙

15 / 恒 星

恒星的概念

恒星是由氢、氦和少量其他元素组成的巨型气态天体。它们通过球体核心的核聚变反应产生能量，并向外传输，然后从表面辐射到外层空间。恒星的质量是决定其命运的关键因素，不同质量的恒星会有不同的结局，如白矮星、中子星和黑洞等。恒星是宇宙中最基本的天体之一，对于研究宇宙的结构和演化具有重要意义。通过观测恒星的光谱、亮度和位置等信息，可以了解宇宙的结构、演化和性质。

恒星是宇宙中的基本天体，由于它们的存在，我们才能够研究和了解宇宙的演化和结构。

恒星的重要性体现在以下几个方面。

1. 恒星构成了星座，是人类认识宇宙星空的最初目标，帮助我们构建起对宇宙的基本理解。

2. 恒星是宇宙中最基本的能量来源之一。恒星内部的核聚变反应产生了大量的能量，这些能量被释放到宇宙中，维持了宇宙的稳定和演化。同时，恒星也是太阳系中行星和卫星的主

要能量来源。太阳就是典型的恒星，我们的生活离不开太阳。

3. 恒星是宇宙中物质演化的基础。恒星内部的核聚变反应不仅产生能量，还产生各种元素。这些元素在恒星死亡后散布到宇宙中，成为新的星系、恒星、行星和生命的物质基础。

4. 恒星对于研究宇宙的结构和演化具有重要意义。通过观测恒星的光谱、亮度和位置等信息，我们可以了解宇宙的结构、演化和性质。

恒星的颜色和温度

恒星的颜色取决于其表面温度。温度越高，颜色越偏蓝；温度越低，颜色越偏红（图 15-1）。太阳的表面颜色是黄色，属于温度中等偏低的恒星。

根据恒星的热度等级，从冷到热，恒星的颜色可以分为红色、

图 15-1　恒星的光谱类型、与之对应的颜色和温度

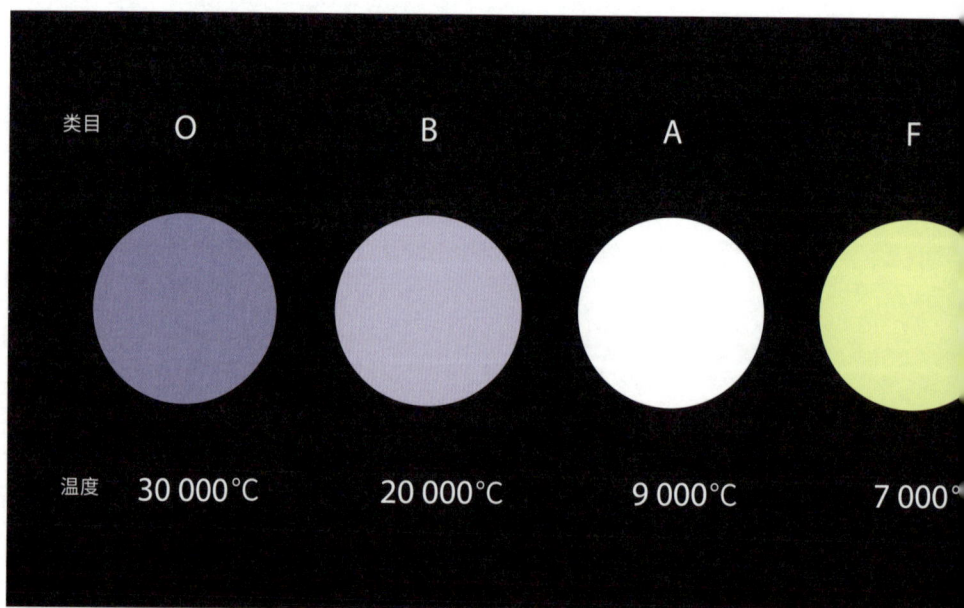

类目	O	B	A	F
温度	30 000℃	20 000℃	9 000℃	7 000℃

橙色、黄色、白色和蓝色。举例说明，红巨星的表面温度较低，所以呈现红色或橙色；太阳的表面温度中等，呈现黄色；白矮星的表面温度较高，呈现白色或蓝白色。总之，恒星的颜色是由其表面温度决定的。

恒星的表面温度取决于其质量、半径和年龄等因素。太阳是一颗中等大小的恒星，其表面温度约为 5 500℃。有些恒星的表面温度比太阳低，只有 2 500℃ 左右，而有些恒星的表面温度比太阳高，可达上万摄氏度。恒星中有一类星很常见，即主序星，太阳就是其中的一员。主序星中的恒星表面温度最高能突破 50 000℃。在主序星以外，甚至存在表面温度可以高达 20 万℃ 的恒星沃尔夫–拉叶星。

赫罗图是一种以恒星的亮度和表面温度为坐标的图表，用于研

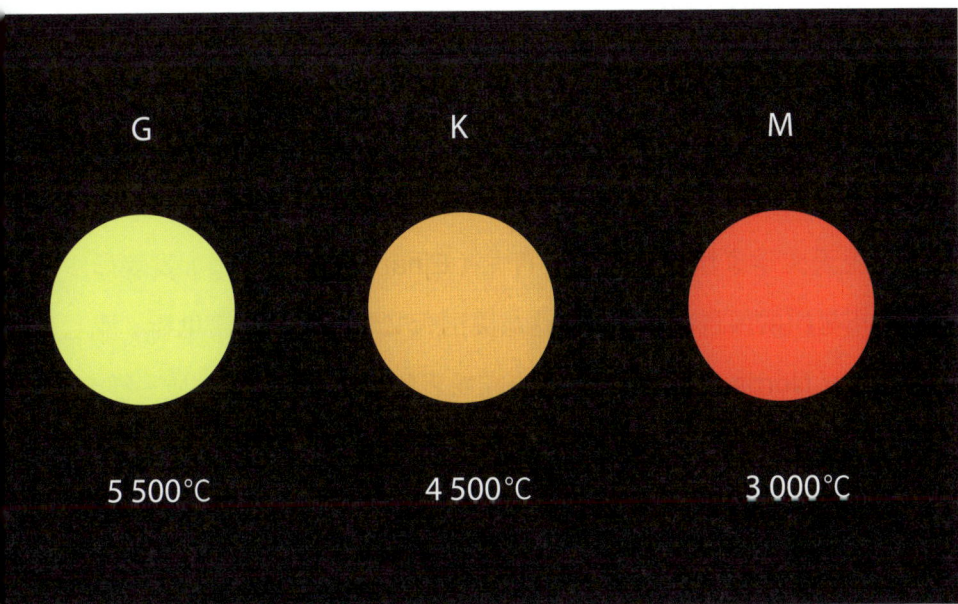

G	K	M
5 500℃	4 500℃	3 000℃

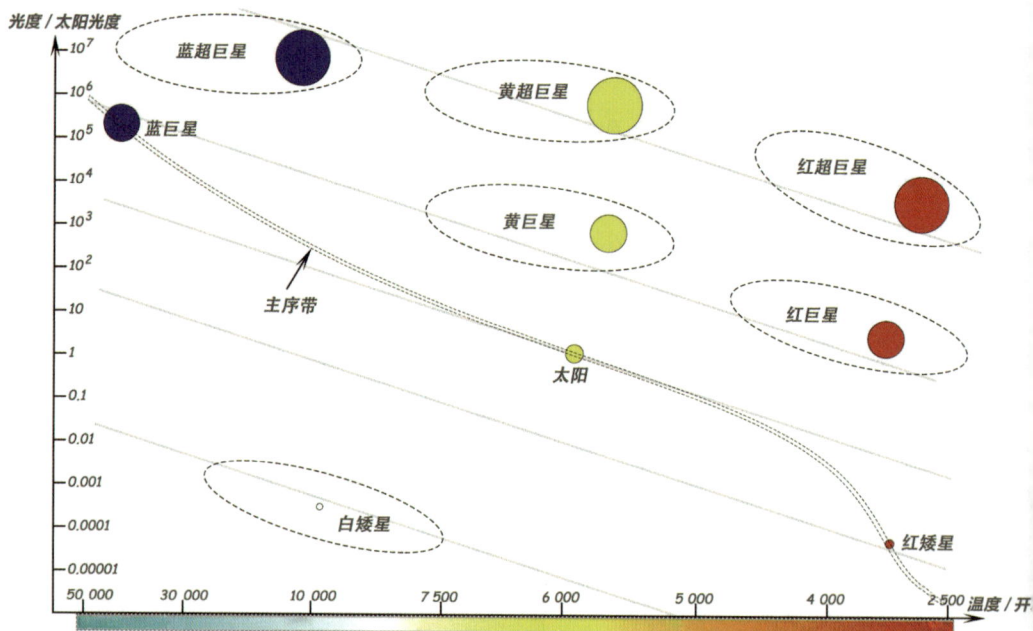

图 15-2　赫罗图

究恒星的演化和分类，是研究恒星的重要工具图（图 15-2）。1911
年，丹麦天文学家埃希纳·赫茨普龙（Ejnar Hertzsprung）发表昴
星团和毕星团的颜色–星等图，这与美国天文学家亨利·诺里斯·罗
素（Henry Norris Russell）独立研究发表的光谱–光度图本质一样，
后人将这个图称为赫茨普龙–罗素图，简称赫罗图。

　　赫罗图的横轴表示恒星的表面温度，通常用颜色表示，从蓝色
到红色渐变。纵轴表示恒星的亮度，通常用绝对星等表示。在赫罗

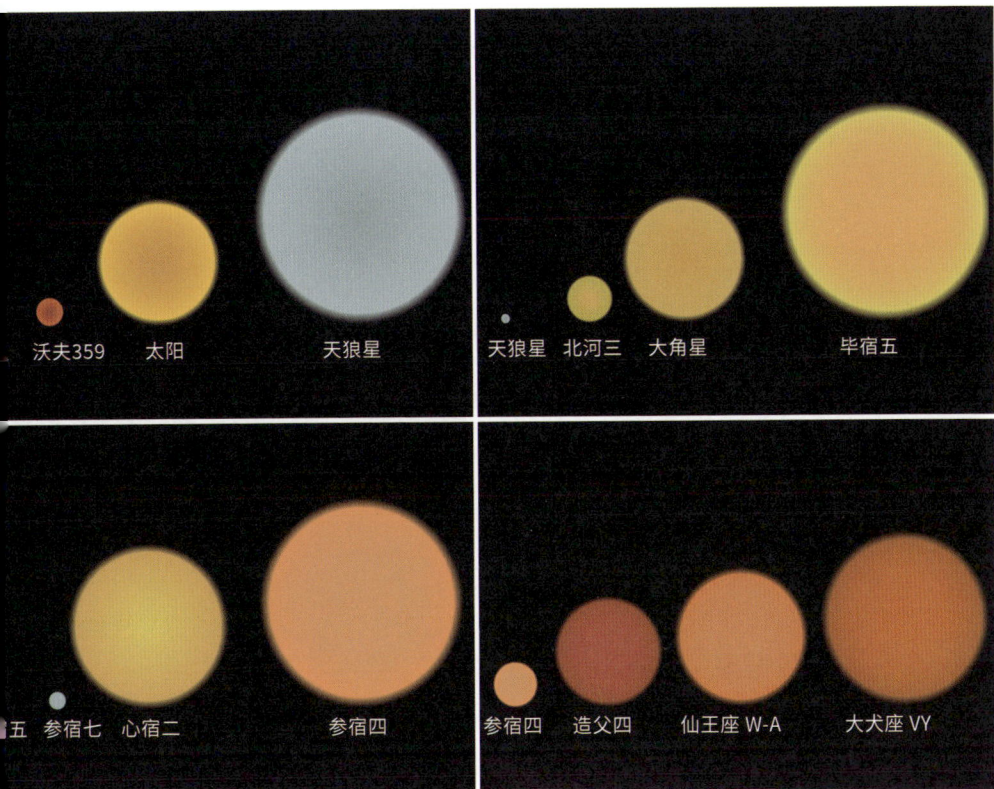

图 15-3 不同类型恒星大小的比较

图上，恒星的位置反映了它的演化状态和物理特性。例如，主序星在赫罗图中从左上到右下呈条状分布，它们是通过氢的核聚变反应维持稳定的恒星，而红巨星则位于赫罗图的右上角，它们已经用尽了核心的氢燃料，正在膨胀成巨大的球形星体。

　　赫罗图是天文学中最重要的图表之一，可以用于研究恒星的演化和分类。

恒星的演化

恒星的演化过程与其质量有关。以下是不同质量恒星的演化过程（图 15-4）。

1. 小质量恒星（质量小于 0.5 太阳质量）：这些恒星的演化过程比较简单，它们的核心温度不足以引发氦聚变，因此只能通过氢燃烧维持自身的稳定。这些恒星的寿命很长，可以达到数百亿年。

2. 中等质量恒星（质量在 0.5~8 太阳质量之间）：这些恒星的演化过程比小质量恒星复杂。它们的核心温度

可以引发氦聚变，当它们的核心耗尽氢后，便会燃烧核心的氦，脱离主序星阶段。在膨胀成红巨星阶段后，外层的氢继续燃烧。太阳就属于这一类。最终，它们会演化成白矮星。

3. **大质量恒星（质量大于 8 太阳质量）**：这些恒星的演化过程

图 15-4　不同质量恒星的演化路径

图 15-5　太阳的演化过程

最为复杂。它们的核心温度可以引发更高级别的核反应，因此它们可以在主序星阶段通过燃烧氢维持自身的稳定，核心的氢燃烧殆尽后，点燃氢并膨胀为红超巨星。核心的氢燃烧殆尽后，会开启新的核聚变反应，直至核心全部变成铁，然后通过超新星爆炸，演化为中子星或黑洞。

白矮星、中子星和黑洞是恒星演化的三种结果。它们的形成过程和恒星的质量有关。

当恒星质量较小时，恒星在耗尽核心燃料后会膨胀成红巨星，然后释放外层气体，最终形成一个白矮星。白矮星是一种极为致密的天体，其质量通常与太阳相似，但体积通常只有太阳的百万分之一。

当恒星质量较大时，恒星在核心全部变为铁后会发生超新星爆炸，释放出大量能量和物质。若超新星爆炸后残留的星子质量小于1.44倍太阳质量（称为钱德拉塞卡极限），依然会形成白矮星。残留星子质量超过钱德拉塞卡极限，会形成中子星。中子星的直径仅几十千米，但质量超过太阳。

当恒星质量更大时，超新星爆炸后残留的核心质量将超过约2.16倍太阳质量（称为奥本海默极限），这时它将坍缩成一个黑洞。黑洞是一种密度可以极小、引力极强的天体。它的引力场强大到什么程度呢？甚至连光都无法逃脱。

太阳的演化可以分为以下阶段（图 15-5）。

1. 太阳的形成：大约 45 亿年前，太阳形成于一个巨大的分子云中。由于分子云内部的物质密度不均匀，一些区域开始向中心聚集，形成了原恒星核。随着原恒星核的不断增大，最终形成了太阳。

2. 太阳的主序星阶段：太阳主要由氢和少量的氦组成，这些气体在太阳内部发生核聚变反应，产生能量和光辐射。这个过程预计会持续约 100 亿年，太阳处于主序星阶段。

3. 太阳的红巨星阶段：当太阳核心的氢即将耗尽时，太阳会加快膨胀，成为一颗能吞没地球的红巨星。此后，太阳核心的氦会被点燃，发生"氦闪"，进入氦的燃烧阶段。在这个阶段，太阳的半径最大会增加到目前的数百倍，外层物质会被逐渐吹离太阳，形成行星状星云。

4. 太阳的白矮星阶段：在红巨星阶段结束后，太阳的残留核心形成一个白矮星。在这个阶段，太阳的体积将缩小到目前的几百万分之一。

5. 太阳的末期：白矮星会经历极其漫长的冷却，太阳将变成一个黑矮星，不再发出光和热。

目前，太阳仍处于主序星阶段，距离红巨星阶段还有约 50 亿年时间。

第四部分

走向宇宙

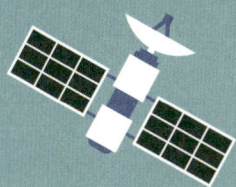

16 / 星云和星团

星云

我们经常看到宇宙中壮丽的星云照片。星云是恒星之间的星际物质的统称，组成星云的基本材料是气体和尘埃。星云附近的恒星可能会将星云照亮，星云内部可能隐藏着正在孕育的新恒星。

天文学家关心的一个问题是，生命有没有可能起源于太空，并在数十亿年前被送到地球？因为在星际空间黑暗深处的星云中，天文学家已经探测到了丰富的有机分子。当然，这些复杂的物质如何在星云中诞生，以及如何来到地球，都是令人困惑的问题。

🔍 星云的类型

根据明亮程度，星云可以分为亮星云和暗星云。亮星云通过其自身的电离气体或者反射邻近恒星的光线来发光，因此看起来比较亮，如反射星云、发射星云、弥漫电离气体、行星状星云和超新星遗迹。著名的海鸥星云（图 16-1）、玫瑰星云（图 16-2）、三裂星云（或称三叶星云）（图 16-3）均是亮星云。而暗星云似乎既不发射也

图16-1 海鸥星云 IC 2177

不反射任何光线，因此看起来比较暗淡。

　　暗星云和亮星云的物质成分并无多大区别，只是暗星云所含的尘埃比例更大一些。暗星云本身不发光，它们在明亮的星空背景衬托下，才显现出它们的暗黑。许多没有明亮星空背景衬托的暗星云，也就淹没在茫茫的夜空中了（图16-4）。这时候如果再用光学方法去研究它们，就很困难了。天文学家想到了使用射电天文方法和红外观测方法来研究，并获得了成功。天文学家经过观测发现，许多亮星云往往被包含在一个更大的暗星云之中，这可能与恒星的诞生有关。

图 16-2　玫瑰星云 NGC 2237

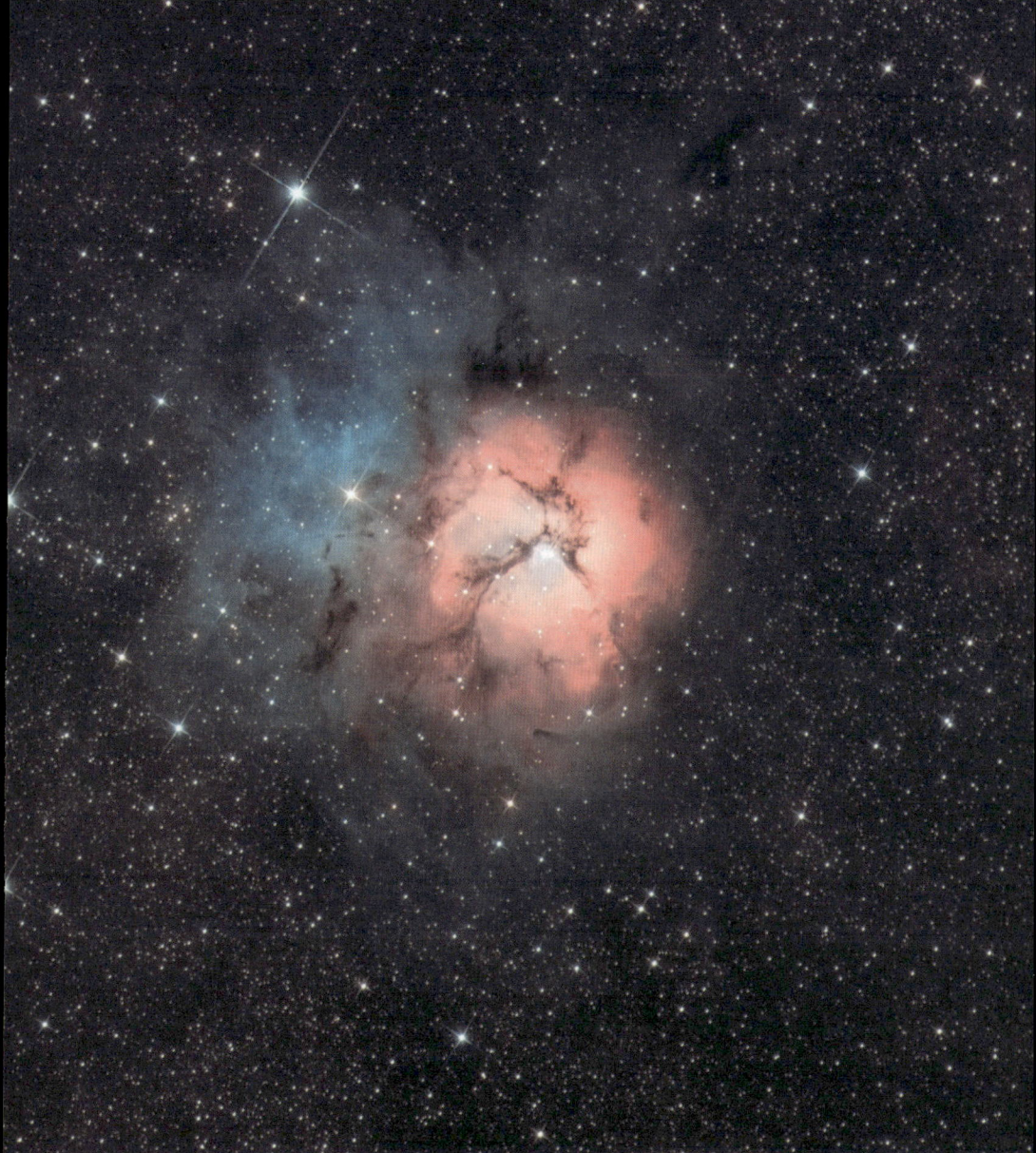

图 16-3　三裂星云 M20

图 16-4 明亮的发射星云 IC434 衬托出暗星云——马头星云

星团

星团是由许多恒星聚集在一起形成的天体。星团可以分为球状星团和疏散星团。球状星团则是由更多的恒星聚集在一起形成的球形天体，结构紧密，形状较规则。

疏散星团通常由几十颗至几千颗恒星组成，结构松散，形状不规则，分布的位置大多在银河系的旋臂上。

球状星团

球状星团是由几十万到数百万颗恒星聚集在一起形成的天体，它们通常位于星系晕中及星系核球附近，以大致球形的状态分布，围绕在银河系中心。由于恒星之间的引力相互作用，球状星团内的恒星处于非常紧密的状态。

球状星团中的恒星彼此距离很近，组成了一个巨大的由恒星组成的球体，而且越靠近星团中心，恒星密度越高。质量较大的恒星慢慢落入球状星团的内部，而质量较小的恒星则容易出现在球状星团的外层。球状星团中的恒星平均密度比太阳周围的恒星密度高几十倍，而球状星团中心的恒星密度则要大到上千倍，是密集的恒星

图 16-5　球状星团 M3

图 16-6　球状星团 M15

分布区。

　　目前，人们在银河系内共发现大约有 150 个球状星团，其中球状星团 M2、M3、M4、M5、M13、M15、M22 较为知名（图 16-5、16-6）。球状星团中的恒星通常都非常古老，它们是银河系中最早形成的一批恒星，年龄通常在几十亿年以上。因为它们都是在同一时期形成的，所以它们的化学成分都比较相似。

　　在其他星系中也存在球状星团，它们与银河系中的球状星团类似，是由数万到数百万颗恒星聚集在一起形成的球形天体。目前，人们已经发现了许多其他星系中的球状星团，比如大麦哲伦星系中的 60 个球状星团，仙女座星系中的 500 多个球状星团，以及椭圆星系中的许多球状星团。

　　这些球状星团的性质与银河系中的球状星团相似，它们的恒星密度很高，恒星之间的相互作用也很强烈。球状星团中的恒星年龄和化

图 16-7　昴星团

学成分差异很小，因为它们是同时形成的。此外，球状星团还可以被用作测量其他星系距离的标准烛光①。

 疏散星团

　　疏散星团是由数百颗至上千颗较弱引力联系的恒星所组成的天体，其直径一般不超过数十光年。疏散星团中的恒星密度不一，但与球状星团中的恒星高度密集相比，疏散星团中的恒星密度要低得多。疏散星团只见于恒星活跃形成的区域，包括旋涡星系的旋臂和

————————

① 宇宙学术语，指已经明确知道亮度的天体。

图 16-8　蜂巢星团

不规则星系。

　　疏散星团一般来说都很年轻，较年轻的疏散星团可能仍然含有形成时分子云的残迹，星团发出的光使其形成电离氢区。在星团产生的辐射压影响下，分子云逐渐散开。对研究恒星演化的科学家而言，疏散星团是不可多得的研究对象。

　　银河系中已发现的疏散星团已经超过 1 100 个，而实际上可能存在更多。我们用肉眼可以看到一些疏散星团，比如昴星团（图 16-7）、毕星团和蜂巢星团（图 16-8）。毕星团中最亮的恒星形成了金牛座内部的 V 字形星群。疏散星团中的恒星通常都比球状星团中的恒星年轻，疏散星团中的恒星年龄一般在几千万年到几十亿年间。

第四部分

走向宇宙

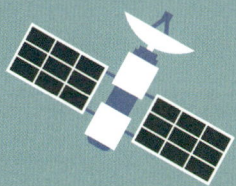

17 / 银河系和宇宙

银河系

银河系是我们所在的星系。它的直径约为 10 万光年，包含数千亿颗恒星和大量的星际物质。银河系的形状为旋涡状，类似一个扁平的盘子，其中心有一个球形的核心区域，周围是由气体和尘埃组成的盘状结构（图 17-1）。

银河系中心区域多数为老年恒星，外围盘状区域多数为新生和年轻的恒星。再外围的晕中分布着老年恒星和球状星团。周围几十万光年的区域分布着十几个卫星星系，银河系通过缓慢地吞噬周边的矮星系使自身不断壮大（图 17-2）。

银河系的空间结构可以分为银核、银棒、银盘、银晕。

银核是指银河系中心的致密部分，由密集的老年恒星组成的近球形结构，直径约一万光年。银棒是银核外侧一个长约三万光年，主要由年轻恒星组成的棒状结构。

银盘是指银河系的主体部分，包含大量的恒星和星际物质，分为厚盘和薄盘两部分。

银晕是指银盘周围由稀薄气体和星际物质组成的区域，银盘直径约 10 万光年，银晕要比银盘大得多。

图 17-1 俯视银河系我们可以看到旋臂结构和中心带棒状的核球

图17-2 在地球上看到的银河系中心区域

　　银河系中心的超大质量黑洞，它的质量超过太阳质量的 400 万倍，距离太阳系约 2.7 万光年。这个黑洞被称为人马座 A*，是通过射电望远镜观测到的。天文学家利用观测到的环绕人马座 A* 恒星的轨道运动，推测出它是一个质量极大的黑洞。2017 年，"事件视界望远镜"拍摄到的银河系中心黑洞的首张照片，这也是人类看到的第二张黑洞照片。银河系中心黑洞是宇宙学和天体物理学领域的一个重要研究课题，对于理解宇宙的演化和结构具有重要意义。

　　银河系的旋臂就像风车一样不断绕银河系中心旋转（图 17-3）。旋臂主要由星际物质构成，恒星的构成并非固定不变，因为不断有

恒星进入旋臂，同时又不断有恒星离开，所以总体来看，旋臂会一直存在。

银河系具有多条旋臂，英仙臂和盾牌 - 半人马臂两条主要旋臂大致对称，从银棒向外延伸。还有三千秒差距臂、矩尺臂、船底 - 人马臂、外臂等旋臂，我们的太阳系位于船底 - 人马臂和英仙臂之间的猎

图 17-3 银河系盘上的旋臂

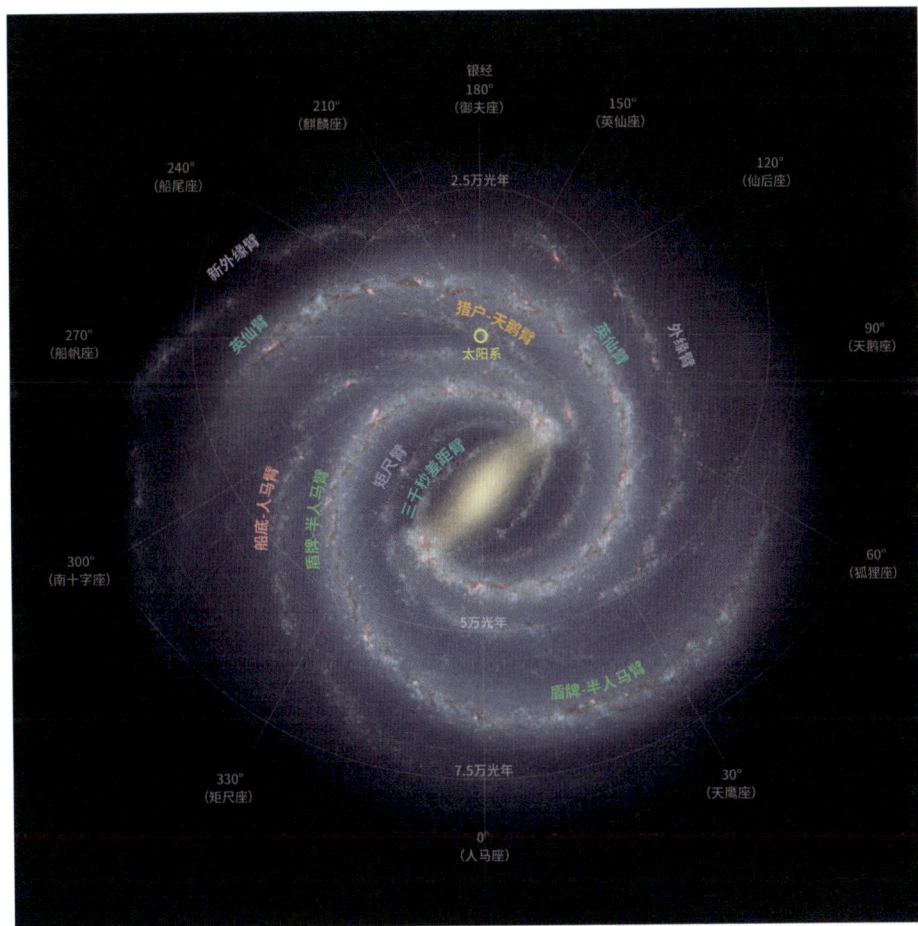

户-天鹅支臂。近年，天文学家还在外围发现一条新的旋臂，命名为新外臂。

银河系的形成和演化过程至今仍然存在许多未解之谜（图17-4）。目前的研究认为，银河系在形成初期经历了剧烈变化。首先，大量的贫金属气体塌缩，或者富含气体的星系相互碰撞和并合形成了银河系的恒星晕。然后，这些气体逐渐冷却，形成了早期的银盘，即银河系厚盘。最后，随着时间推移，气体进一步冷却，开始形成银河系薄盘。

银河系的潮汐流是指银河系中的星流，它们因银河系内部和外部星系的引力作用而形成。当银河系与其他星系相互作用时，它们之间的引力会产生潮汐力，从而扰动银河系内部的恒星和星际物质。这些扰动会导致恒星和星际物质形成长条状的结构，这就是星流。银河系中的星流主要是由球状星团和矮星系受到银河系引力的巨大潮汐作用而逐渐变形、瓦解、撕裂形成的。

通过观测星流中大部分恒星现在的速度，并基于它们大部分过去都来自同一个地方、具有相同的速度的假设，天文学家就能估算出这个星流所受引力的变化，而且还能揭示出暗物质在银河系中的分布位置。

图 17-4　银河系附近的星系落入银河系形成的结构

本星系群

本星系群是指由银河系和相邻的仙女座星系、麦哲伦星云等至少 50 个星系组成的一个规模较小的集团。本星系群中的全部星系覆盖了一块直径大约 1 000 万光年的区域。

在本星系群之外，更大的星系的集合是大型的室女座星系团。室女座星系团距离银河系大约 5 400 万光年，它容纳了 2 500 多个星系，在引力的作用下，这些星系紧密地组成了一个直径为 900 多万光年的星系团。

在宇宙中的很多角落，我们都能发现星系的踪影，而大多数星系都属于某个星系群或星系团。实际上，"星系群"和"星系团"之间的区别主要是一种约定俗成的划分，没有明确的界限。星系群一般只包含几个明亮的星系（比如本星系群包含银河系和仙女座大星系），而且形状很不规则。而像室女座星系团这样"丰富"的大星系团可能包含成千上万个星系，它们在空间中的分布相当均匀。

还有少数星系不属于任何星系群或星系团，它们是孤立的系统，独自在星系团之间的空间中移动。

本星系群包含了至少 50 个星系，其中最重要的两个成员是银河

图 17-5 仙女座星系

系和仙女座星系。除此之外，还有三角星系、大麦哲伦星系、小麦哲伦星系、M110、NGC205、NGC147、NGC185、IC1613、玉夫星系、大炉星系、NGC6822、狮子座Ⅰ星系、狮子座Ⅱ星系等。这些成员星系的大小和质量不尽相同，但它们都是银河系周围的星系，共同组成了本星系群。

仙女星系是位于仙女座方向的一个巨大的旋涡星系，也被称为M31或NGC224。它与地球的距离约220万~250万光年，是离我们

图 17-6　未来银河系与仙女座星系碰撞的想象图

最近的大型星系之一。仙女座星系由大约一万亿颗恒星组成，直径约 22 万光年，是本星系群中最大的星系（图 17-5）。

　　仙女座星系看起来像是纺锤状的椭圆光斑，是肉眼可见的最遥远的天体。仙女座星系的亮度达 3.4 等，在它的附近有明显的中等亮度的恒星作为指引，所以在良好的观测条件下，非常容易辨认。仙女座附近有许多有趣的星系，有的在仙女座范围内，有的在仙后座和仙女座之间。

　　仙女座星系相对于银河系的径向速度可以通过观测星系中恒星

光谱的多普勒效应来测量，但其横向速度（即自行运动的速度）很难直接测量。目前的观测结果显示，仙女座星系正以 300 千米/秒的速度向银河系运动。根据目前的科学研究，我们可以知道，仙女座星系与银河系将在未来 40 亿年后发生碰撞（图 17-6）。碰撞后，两个星系将会合并成为一个大型星系。这个过程将会持续数百万年，其间可能会产生大量的恒星形成和超新星爆发等现象。不过，由于这个事件将在数十亿年后发生，目前地球人还没有必要担心。

宇宙学

现代宇宙学是研究宇宙的起源、演化和结构的学科。它起源于 20 世纪初。爱因斯坦广义相对论的建立与哈勃定律的发现拉开了人们研究宇宙演化的序幕。在此后的几十年中，宇宙学的研究取得了一系列激动人心的重大成果。人们认识到了宇宙拥有一个非常热的早期阶段（大爆炸理论），并发现了暗物质、暗能量这两种未知的物质组分正在主导宇宙的演化。

进入 21 世纪以来，宇宙学领域继续取得长足发展。人们建立的宇宙学标准模型（ΛCDM 模型）[①]仅用 6 个参数就能够以相当高的精度描绘我们的宇宙，以至于有人称我们已进入了所谓的精确宇宙学时代。这个模型认为，宇宙中大约有 68% 的暗能量、27% 的暗物质和 5% 的普通物质。暗物质和暗能量是目前尚未被完全理解的物质组分，但它们对于宇宙的演化起着至关重要的作用。

此外，近年来观测技术的不断进步也为宇宙学研究提供了更多

---

① ΛCDM 模型，是指以弗里德曼宇宙模型为基础，由物理学家、天文学家伽莫夫（George Gamow）运用于解释早期宇宙的演化而形成的一种宇宙模型。

的数据和证据。例如，欧洲航天局的普朗克卫星观测到了宇宙微波背景辐射的极其精细的结构，这些结构对于我们理解宇宙早期的演化非常重要。

总体来说，现代宇宙学对宇宙的理解已经相当深入和精确，但仍有一些根本问题尚未得到解决，例如暗物质和暗能量的本质、宇宙的起源等。这些问题将继续是宇宙学研究的前沿话题。

🔍 宇宙在膨胀

哈勃观测到距离我们遥远的星系发出的光波被拉长，由此推断出这些星系在远离我们，他还发现距离我们越远的星系，移动得越快，这种星系远离的现象被称为"哈勃定律"。哈勃定律只在极大尺度的距离才能观测到，在太阳系、星系、星系团内都几乎没有。这是因为物质总是在万有引力的作用下倾向于聚合在一起，所以最终的效果是星系团间互相远离，而星系团内部物质的间距几乎没有变化。哈勃观测到星系远离的现象，揭示了宇宙正在膨胀而非静止不动的事实（图 17-7）。

哈勃定律是指星系远离速度与它们距离的关系。通过精确测量各个星系光谱红移的程度，哈勃发现，这些星系离我们而去的速度和它们到我们的距离成正比。也就是说，距离我们越远的星系，离开我们的速度越快。这个关系被称为哈勃定律，它表明宇宙正在膨胀。

图 17-7　大爆炸和宇宙膨胀示意图

如果星系正在相互远离，那么我们把时间倒退回去就意味着在宇宙的过去，星系彼此靠得更近。也就是说，宇宙膨胀的起点是一个高密度的、所有物质都集中在一起的点，这个点就是奇点。现在的宇宙是从奇点产生而来的，通过一次大爆炸诞生。这个理论是目前主流的大爆炸宇宙学理论。

暗物质

暗物质是一种理论上可能存在于宇宙中的不可见物质，它不属于构成可见天体的任何一种已知物质。因此，暗物质是一个谜，是一个尚未被科学家完全理解的事物。

虽然我们没有直接探测到暗物质，但是我们有间接证据。最关键的间接证据是星系团外围的星系绕着星系团旋转的速度和星系外围的恒星绕着星系旋转的速度，二者都远远超出预期。这就好比你抓住一根绳子的一端，在另一端拴上一个小球，让绳子以你的手为中心旋转。旋转速度越快，你手的拉力就必须越大。地球绕着太阳转，恒星绕着星系转，星系绕着星系团转，也是一样的道理：旋转速度越快，需要"拉住"它们的引力也必须越大。而引力是由质量提供的。因此，暗物质的存在可以解释这些现象。

现代天文学通过天体运动、牛顿万有引力现象、引力透镜效应、宇宙的大尺度结构的形成、微波背景辐射等观测结果表明暗物质可能大量存在于星系、星团及宇宙中，其质量远大于宇宙中全部可见

天体的质量总和。结合宇宙中微波背景辐射各向异性观测和宇宙学标准模型可确定暗物质占宇宙中全部物质总质量的85%，占宇宙总能量的26.8%。

🔍 暗能量

根据宇宙学标准模型，宇宙正在加速膨胀。这个发现是天文学家基于对遥远星系的观测得出的结果。这些观测结果表明，远离我们的星系正在以越来越快的速度远离我们。天文学家们认为这种加速膨胀的现象是由暗能量所引起的。

暗能量是一种假设存在于宇宙中的能量，它是一种推动宇宙加速膨胀的力量。暗能量的存在是基于对宇宙膨胀观测结果的推测，这些观测结果表明宇宙膨胀的速度正在加快。

目前，我们仍不清楚暗能量的性质和来源，但是通过分析最新的观测数据，可知暗能量占据了整个宇宙能量的约68.3%，是宇宙中最主要的成分之一。暗能量的存在对于我们理解宇宙的演化和结构具有重要意义。